小学館文庫

世界に一軒だけのパン屋

野地秩嘉

小学館

目次

装画　小川かなこ
装丁　坂川事務所

プロローグ　おいしいパンとそれ以外

ブーランジェリー

東京の自由が丘、都立大学から世田谷《せたがや》区下馬《しもうま》、三軒茶屋へ向かうあたりはパン屋の激戦区だ。都立大学駅の付近だけでも十軒以上のパン屋がある。その九割はブーランジェリーと呼ばれるカッコよくて、おしゃれなフランス風のそれだ。

売っているのはバゲット、カンパーニュなどハード系のパン、加えてクロワッサン、ブリオッシュなどのヴィエノワズリー（甘いパン）である。間違っても、焼きそばパンは置いていない。

その中で、わずかながら生き残っているのが昔ながらの町のパン屋だ。店名は「なんとかベーカリー」が多い。棚にあるのはあんパン、クリームパン、焼きそばパン、コロッケパンのような菓子パンや調理パンである。間違っても、パン・オ・

ショコラはない。しかし、チョコレートパンはある。ただ、この種の「なんとかベーカリー」はどこであっても、今後、増えていくとは思えない。

たとえば都立大学から下馬、三軒茶屋にかけての地域には今もなおブーランジェリーの新店舗がオープンしている。しかし、「ベーカリー」と名の付いた店はない。ベーカリーは退潮している。

パンをめぐる話題はもうひとつある。

住宅地区を中心にパン教室が増えている。なぜ、そう感じたかと言えば、それはわたしのふたりの子どもが進学したことによる。進学して出会った「ママ友」のなかに必ずパン教室をやっている人がいるのである。

子どもが小学校、中学校、高校に入る。保護者会が開かれる。公立私立を問わず、そこで知り合うママ友のなかには必ず自宅でパンを焼いている人がいる。教室をやっている人もいれば、格安で売っている人もいる。小さなオーブンで焼くママもいれば本格的な業務用コンベクションオーブンを稼働させているママもいる。

自宅で米を炊いて、おにぎりの握り方を指南している人に会ったことはないけれど、自宅パン教室の先生はそこかしこにいるのである。

「世の中にはパンが好きな人が多いんだな」それがわたしの感想だった。ママたちによるパンの手作りは、特に、自由が丘、都立大学から三軒茶屋あたりといった城南地区の住宅街ではポピュラーな現象になっているのではないか。

そんな印象を抱いたのが、二〇一六年の秋だった。

十数人の行列

同じ頃、わたしは都立大学駅の近くで一軒の町のパン屋がオープンしたのを知った。

「満寿屋《ますや》」という店名を聞き、ブーランジェリーなどではない町のパン屋だと知って、率直に「大丈夫なのだろうか」と思った。

何しろ激戦区である。それなのに昔ながらの漢字の店名でいいのか。パン・オ・レザンやカンパーニュを相手に、あんドーナツとカレーパンが通用するのか。町のパン屋さんがフランス風パン屋さんに対抗できるのか。

ライバルは名だたるつわものである。「トラスパレンテ」「ラ・ブーランジェリー・ピュール」「ブレッドプラント・オズ」「ディーン&デルーカ」「リュバン」

……。少し距離はあるが、「シニフィアン シニフィエ」といった業界の盟主も存在している。

ともあれ、わたしはその店を見に行った。

すると、長い行列ができていた。開店してから日は経《た》っていたのに、十数人の行列が続いていたのである。

外観は町のパン屋にしてはカッコよかったし、内装も悪くない。何よりも並んでいたパンの数々が魅力的だった。商品の名前は昔ながらのパンのものが多かったけれど、香りが良かった。小麦の粉とバターの入り混じった香ばしいにおいが店内を満たしていた。

とろ～りチーズパン、あんパン、クリームパン、あんドーナツ、ネジリドーナツ、カレーパン、白スパサンド、食パン、バゲット、チャバタ……。

おいしそうなパンばかりだったけれど、わたしより早くから並んでいたお客さんたちがほぼ買いつくしてしまった後だったので、買えたのは食パンとあんパンだけだった。それでもまだラッキーだった。わたしよりも後に並んだ人たちには何も残っていなかったのだから。

その後も何度か満寿屋に行ったが、購入できたのは食パン、あんパン、バゲットばかりだったのである。

ずっと狙っていた白スパサンドを手に入れることができたのは五度目に訪れた時だった。白スパサンドとはマヨネーズ味のスパゲティサラダを食パンにはさんだ炭水化物サンドである。満寿屋の白スパサンドは端っこまでスパゲティサラダが詰まっていて、しかも、ひと口嚙《か》んでも、中身のスパゲティがパラパラと落ちてくることがなかった。同種のサンドウィッチでは、たいてい、なかからスパゲティがはみ出て、落ちてしまうのである。味だけでなく、確かなサンドウィッチ技術がなければスパゲティという具材を確実にホールドすることはできない。満寿屋はパンを焼くだけでなく、調理技術もあるのだ。

ともあれ、どうしてわたしがパンの物語を書こうと思ったのか。

それは食品のおいしさと食品を作っている企業が持つイメージはまったく関係がないことをはっきりと認識したからだ。

ブーランジェリーだからおいしいのではない。ベーカリーだから流行遅れで、古臭いパンを作っているわけではない。パンのおいしさとイメージ戦略は関係がない。わたしたち客が買いたい、食べたいと思うのは企業イメージではなく、パンそのものだ。

『A列車で行こう』などの名曲を世に送り出したデューク・エリントンはこう言っている。

「音楽にジャズやクラシックといった区別はない。音楽は二種類だけだ。良い音楽とそれ以外の……」

パンも、ほぼほぼほぼ二種類しかない。おいしいパンとそれ以外の……。

第1章

シニフィアン シニフィエの証言

麻山さんの夢

麻山《あさやま》さんには口癖がある。

「やっぱり、○○かな」だ。彼の話はいつもその言葉から始まる。

ぽっちゃり型だけれど運動神経抜群の麻山さんとはゴルフに行くことが多い。ゴルフで筋肉を使い、汗を流した後は大田区の大岡山駅近くのそば屋で食事をする。そして話をする。話題はゴルフでもないし、仕事でもない。麻山さんとわたしは店のメニューについて意見を交換する。メニューとはいっても、「あそこの店がうまい。ここはいまひとつ」といった店の評価などではなく、麻山さんの夢に関連するものだ。

麻山さんはごく普通のおじさんだ。色白で笑顔がチャーミングな、都内に勤めるごく普通のおじさん会社員である。出身は北海道の恵庭《えにわ》市。防衛庁職員だった父親にならい、高校を出た後、当時の防衛施設庁に入った。ノンキャリアだが出世は早く、防衛施設庁長官秘書となる。しかし、夢があるから五三歳で退職した。最後の役職は防衛省大臣官房企画官。

その夢とは……。

「北海道の物産を使った居酒屋を開く」

おじさんらしい夢だ。しかし、おじさんだって夢を持っていいはずだ。夢があれば人は前向きになる。麻山さんは夢を実現するためには「死んでもいい」とさえ言っている。しかし、死んだら夢は夢で終わってしまうので、身体《からだ》を大切にしながら働いている。

さて、大岡山のそば屋では、彼はいつか開くであろう居酒屋のメニューをわたしに説明する。その時に口癖が出てしまう。

「やっぱりゴッコ（ホテイウオ）汁かな」

「うん、やっぱりタチカマ（真鱈《まだら》の白子の蒲鉾《かまぼこ》）もいるね」

「うーん、でも、ジンギスカンとかカニとかウニとか、みんなが知ってる北海道ものも出さないとね。ポピュラーなものと言えば、やっぱり、カニ味噌《みそ》ピザかな。野《の》地《じ》さん、どうだろうね？」

カニ味噌ピザ？

わたしは注意を喚起した。

――みんなが知ってる北海道の特産物ではない。

しかし、彼はわたしの忠告を軽くいなして、またメニューの構想について熱弁を振るう。

「北海道のお菓子を置いてもいいね。いや、もちろん、メニューを増やすのは良くない。だって、手間がかかるから。アルバイトを雇うとしてもせいぜいひとりだから、多くのものは作れないんだ。だからさ、代わりに乾きものとかお菓子を置けばいいかなって。

ボンゴ豆（豆菓子）、塊炭飴《かいたんあめ》（石炭を模した飴）、S&Bホンコンやきそば（袋めん）、ミックスカステラ、フレンチドッグ。フレンチドッグって帯広《おびひろ》とか道東に行くと売ってるけど、アメリカンドッグに砂糖がまぶしてあるんです。あれ、食いたくなってきた。野地さん、この後、コンビニに行きましょう。アメリカンドッグを買って、砂糖をまぶして食えばいいんだから」

そして、話は果てしなく続き、遅くなるまで終わらない。

「ほんとはいちばんおいしいのはきんきなんですよ。一尾で四千円くらいするものです」

——煮つけとか焼き物にする。確かに、おいしいですよね。

「千歳《ちとせ》の寿司屋《すしや》だときんきとじゃがいもを煮るんですよ。ほくほくしたじゃがいもをつぶして、きんきの脂とからめて食べると、これはもう……」

――それは初耳。麻山さんの居酒屋で出せばいい。一度、作ってみたらどうですか。

「いやいや、それはできませんよ。だって、四千円もするきんきを買ってきて、もし、料理に失敗したら立ち直れないでしょう。ああいうのはやっぱりプロに料理してもらわないとね」

――だって、麻山さん、会社を辞めてプロの料理人になるんでしょ。

「……」

麻山さんのおかげでわたしは北海道の食品にはかなり詳しくなり、たまに出張に行くと、ボンゴ豆や塊炭飴を探して土産に買ってくる。ただ、フレンチドッグには近寄らない。まずくないけれど、確実に太る。

クリームパンが食べたい

二〇一六年の十一月中旬だった。時期は忘れない。麻山さんから電話がかかってきた。

「お願いしたいことがあるんです」

——どうぞ、できることならやりますよ。

「あの、クリームパンを買ってきていただきたいのですが？」

——うーん、というか、クリームパンって？

「ええ、今度、野地さんの家のそばに帯広のパン屋ができるんですよ。『満寿屋』って言うんですよ。私、前職の頃、道内に出張する時、帯広に行ったら、必ず満寿屋のパンを買うことにしてたんです。札幌《さっぽろ》には売ってないから。帯広だけ。それで、札幌に向かう汽車のなかで、クリームパン二個と白スパサンド一個を食べるのが何よりの楽しみでした。今度、都立大学に支店ができるから、クリームパンと白スパサンドを買っておいてもらいたいなって。それでね、クリームパンのクリームですけれど……」

——はい、いいですよ。のぞいてみます。あるだけ買ってきますよ。

「ありがとうございます。オープンは十一月二九日の午前十時。私は仕事なので行けないんです。混雑して、パンがなくなると困るから、午前中に行っていただけるとありがたいです」

——いいですよ、行ってきます。

そういったわけで、電話を切った後、グーグルで調べた。

満寿屋は帯広ではナンバーワンのパン屋チェーンだった。戦後にスタートした店で国産小麦粉を使ったパン屋とわかった。都立大学の店の立地は駅から歩いて六分前後の場所で目黒通りに面している。

満寿屋の情報を眺めて、わたしはプロローグに書いたようにこう思った。

「大丈夫なのかな。続くのかな」

都立大学駅近くには以前、二軒のベーカリー、つまり町のパン屋があった。しかし、うちひとつはフランス料理店に変わり、残る一軒だけが細々と営業している。

ネットで調べた限り、満寿屋はクロワッサン、バゲットもあるけれど、本質はベーカリーだと感じた。帯広からわざわざ出てきて、流行《はや》りのブーランジェリーが割拠する地区でやっていけるのか。

「果たして、どれくらい続くのか？」

パンを食べてみなければわからないけれど、満寿屋が当該地区で生き残るのは難しいのではないか。わたしは危惧したのである。

激戦区のなかで

満寿屋へクリームパンを買いに行ったのは開店して一週間ほどした二〇一六年十二月の初めだった。麻山さんとは約束したけれど、忙しくしていたので、オープンの日を完全に忘れていたからだった。

店舗は黒と茶色の、イギリスにあるおしゃれな古書店かレストランのような外観だった。看板には漢字で「満寿屋商店」とある。シックな店構えで、店内は照度が高い。目を引くのは陳列台である。麦わらを樹脂で固めた台の上にパンが並べてあった。何よりも驚いたのは客の数である。オープンしてから一週間も経っているのに、二十坪ほどの店内は通勤時間の東横《とうよこ》線車内と同じくらい混雑していた。トングとトレイを持ったお客さんがパンを選んでいたり、あるいはレジに並んでいたり……。

まさに立錐《りっすい》の余地もない状態だった。陳列台のパンは瞬く間に消えていった。奥のキッチンでは職人が大車輪でパンを焼き、できたものを陳列台にピストン輸送する。しかし、トングが伸びてきて、陳列台の上はすぐに寂しい状態になってしまう。

わたしが訪れた時間は午前十一時。昼前のもっとも混む時間ではあるが、それにしても驚くばかりの混雑ぶりだった。客を眺めると、五割は子どもを連れたお母さんで、残りは女性客と年配の人々。男ひとりはわたしだけだった。

しかも、繁盛はその後も途切れることなく続き、三か月ほどは毎日、客でいっぱいだったのである。

満寿屋の東京進出については北海道新聞（二〇一六年十一月二六日）が大きく報道している。

「帯広・ますやパン　東京で行列　プレオープン400人」

「こだわりのパン50種

25日に東京本店をプレオープンし、初の東京進出を果たした老舗パン製造販売の満寿屋商店（帯広）。小麦をはじめ、チーズや砂糖など十勝の食材にこだわったパンは東京の消費者から好評で、好調なスタートを切った。（略）原料の小麦やチーズ、牛乳、あんこ、砂糖などは十勝産で、主原料の水も音《おと》更《ふけ》の天然水を取り寄せている」

「満寿屋商店。本店は帯広で、同市および近郊に六店舗を持つ。年商は九億五千万円で従業員数は一五〇名。平均的なベーカリー（一店舗）の年商は約五千万円とされているから、満寿屋は平均の三倍以上を売り上げる優良ベーカリー・チェーン」

ここにあるように、満寿屋のもっとも特筆すべき点は国産小麦（内麦《ないばく》）だけを原料としたパンを製造販売している、稀《まれ》なパン屋であることだ。

現在、内麦をパンの原料に使用している個人店舗はずいぶんと増えた。だが、年商十億円規模のベーカリー・チェーンで全商品を内麦に切り替えたのは同社しかない。

なぜ、国産小麦を使ったパン屋が少ないのか。

それは日本のパンの歴史と深くかかわっている――。

現在、日本のベーカリー・チェーンで売っているパンは、ほぼ全量と言っていいほど、海外産小麦が原料となっている。そしてそのルーツは幕末までさかのぼる。

日本におけるパン小売店は横浜が開港した翌一八六〇年（安政七年）にできたとされている。同地に暮らしていた内海平吉がフランス軍艦に乗り組んでいた料理人から焼き方の手ほどきを受けて、パンを売るようになった。その後、横浜に外国人が暮らすようになり、彼らを目当てに外国人料理人が次々とベーカリーを開く。そして、外国人料理人の元で修業した日本人が独立して店舗をオープンする。現在、横浜の元町にあるウチキパンは外国人が開いたヨコハマベーカリーの流れを汲《く》んだ店だ。

そして幕末から使われていたのがカナダ産の小麦だった。当時のカナダはイギリスの植民地から自治領になったばかりである。冷涼な気候のため、多くの小麦を作っていたので、それを太平洋を越え、日本に持ってきたのである。以後、日本のパン原料となる小麦はカナダもしくはアメリカから輸入されたものが大半になっていく。そして、パンの製造レシピもカナダもしくはアメリカから輸入された小麦を基準として作られた。ちなみに、いまでも年配の人は小麦粉をメリケン粉と呼ぶ。あれはアメリカから来た粉、「アメリカン粉」がなまったものだ。

では、日本では小麦は作られていなかったのだろうか。また、作られていたとしても、どうして、その小麦はパンにならなかったのか。

ひとつひとつ答えていくけれど、むろん、日本国内の冷涼な土地では麦を栽培していた。だが、国産小麦はパンではなく麦切り、要するに、うどんにしていた。全国各地にある名産のうどんは昔も今もほとんどは国産小麦が原料だ。年配の人が小麦粉を「うどん粉」とも呼ぶのはこうした理由からである。

スーパーに行くと小麦粉はいくつもの種類別に並んでいる。小麦粉は一般に三種類に分かれ、粉に含まれるたんぱく質の割合が多い方から強力粉、中力粉、薄力粉となり、それぞれ用途が異なる。

強力粉…たんぱく質（グルテン）の割合が十二パーセント以上。パン、中華麺、乾麺（パスタ）に使う。

中力粉…たんぱく質の割合が九パーセント前後。うどん、お好み焼き、タコ焼きなどに使う。

薄力粉…たんぱく質の割合が八・五パーセント以下で、菓子、天ぷらの衣に使う。

一般の家庭で、ホームベーカリーを持っている人はこの小麦粉三種類全部を常備しているかもしれない。パンを焼かない人は中力粉と薄力粉。ただ、小麦粉は常温で保存しておくとカビが生えたり、虫が付いたりするので、三種すべてを常温保存するのはお勧めしない。冷蔵庫に入れると言っても、三つの粉を全部しまっておいたらスペースを占領してしまう。家庭でパンを焼いたり、うどんを打ったりしない人は天ぷら、唐揚げ、フライ、ムニエルに使う薄力粉があれば充分だろう。

話はズレたけれど、では、うどん用の中力粉でパンを焼くとどうなるのか。まず、発酵しても、充分に膨らまない。特に食パンのようなボリュームが大きいパン（一斤で四百グラム前後　三斤で焼く）はパン型の上まで生地が膨らんでこない。そのまま強引に焼くと、餅のようなものができてしまう。食べられないものではないけれど、何も無理やり、小麦粉で作った餅を食べることはない。

従来種の国産小麦、中力粉ではパンは膨らまない。そのため、パンは外麦（輸入小麦）の強力粉で作るものであり、したがって製パンのレシピ、製パン機械の仕様は明治以来、外麦の強力粉を使うことが前提となっていたのである。

業界の常識の逆

満寿屋が内麦百パーセントでパンを焼いて、商品として売っているのは、一見何でもないことのように思えるけれど、パン業界ではまさに革命的なことなのである。

わたしは東京店開店後、たびたび満寿屋のパンを買いに行くようになった。麻山さんに頼まれたというよりも、ふいに、同店の白スパサンドを食べたくなる瞬間があるからだ。スパゲティをからしマヨネーズで和《あ》えた白スパサンドは妙に後を引く。

味を思い浮かべると、どうしても食べたくなり、自転車に乗って、都立大学駅近くの満寿屋を目指してしまう。白スパサンドだけを買うわけにはいかないから、ついでにイタリアの伝統的なパンであるチャバタだったり、バゲットを買ってしまう。とろ〜りチーズパンは同店ナンバーワン人気だが、一個、三八〇円。ちょっと高いから、それよりも安いパンを二、三個選んで買うことにしている。パン屋の買い物は実に楽しい。昼前になると、バターを容器に入れ、バターナイフも持って、満寿屋へ行く。白スパサンドとチャバタを買い、ついでに最寄りの精肉店「栃木屋」で串カツ、ハムを手に入れる。これまた近くのパーシモンホールの芝生にあるベンチで牛乳を飲みながら、串カツを頬張り、チャバタにハムをはさんだサンドウィッチを食べる。散歩に来た保育園の子どもたちがちょっとうらやましそうにわたしを見つめる。至福のごはんだ。

そうやって昼ごはん確保のために何度か通っているうちに東京店の店頭に立っていた同社社長、杉山雅則《すぎやままさのり》と話をするようになった。杉山は社長としては四代目。帯広に妻を残し、その頃は単身赴任でパンを売っていた。

小柄な彼は眼鏡をかけ、白い帽子をかぶり、つねにレジに立っていた。パンを売る普通のおじさんであり、まさか社長とは思わなかった。話をしてみると、小麦について、満寿屋のパンについて、いろいろ教えてくれたのである。

「当社のパンは小麦だけでなく、副原料も十勝産もしくは北海道産です。水は大雪山系の雪解け水、牛乳、バター、チーズ、砂糖、玉子、小豆、じゃがいも、イースト菌……すべて故郷《ふるさと》のものです。私の父が国産小麦を使ってパンを焼こうと決めてから、国産にするためには二五年、かかりました」

淡々と、パン業界の常識を覆した挑戦について話す杉山。その内容にわたしは驚きを隠せなかった。地産地消とはいうけれど、水、牛乳、バター、チーズ、卵ぐらいは地元のものを使えても、小麦、砂糖、イースト菌まで地元でまかなえる店など、日本のどこを探しても、いや、世界の中でも珍しい。そしてその店の歴史も、である。

彼は続けた。

「父は一九九二年に亡くなりました。私は高校生でした。その後は母が社長を継ぎました。私は大学を出た後、アメリカにパン修業に出かけて……、社長になったのは二〇〇七年。社長になってから十年近く経ったので、東京に進出しようと決めたのです」

満寿屋について、普通の客以上の関心を抱いたのはこの時からだ。満寿屋社長三代は国産小麦でパンを作るため、父、母、息子と三代にわたって努力を重ねたのである。

シニフィアン シニフィエで

満寿屋が全店舗のすべての商品を国産小麦で製造するためには四半世紀の時間が必要だった。

いくらなんでも小麦粉を切り替えるためだけなら、それほどの時間はかからないだろう。輸入小麦と国産小麦に違いはあっても、どちらもたんぱく質を含む強力粉であるならば何回か試作すれば、一定水準のパンができるはずだ。

そうなると、考えられる問題はふたつではないか。

二五年前、国産のパン用小麦の生産が非常に少なかったか、もしくはあったとしてもひどく質が良くなかったことだ。生産量が少なかったとすれば作付面積を増やさなくてはならない。これは時間がかかる。また、質が悪かったのならば品種改良をしなくてはならない。これも時間がかかる。

両方の問題が横たわっていたとすれば、十年、二十年という時間がかかるのも無理はない。わたしはこの推論が正しいのかどうか、パン、国産小麦粉のどちらにも詳しいパン業界のエキスパートを探した。

何人かのパンマニアと、料理雑誌の編集長に意見を聞くと、「あの人しかいない」という答えが返ってきた。それが世田谷公園の入り口向かいに店舗を持つブーランジェ《パン職人》の志賀《しが》勝栄《かつえい》だった。

彼の店シニフィアン シニフィエがオープンしたのは二〇〇六年の十月。「長時間発酵」が特色で、深い麦の味がするパンを焼いている。同店の製品は一般客からだけでなく、業務店からの引き合いも少なくない。都内の名だたるフレンチレストランに行くと、少し前ではフランスのベーカリーと提携した大手のベーカリーのパンを出していたところが多かった。ところが、いつの間にか多くは、シニフィアン シニフィエのそれに代わっている。そんなところにも志賀のブーランジェとしての実力が表れている。

志賀とアポイントメントが取れたのは午前八時だった。「ずいぶん早起きだな」と思ったけれど、考えてみれば、ベーカリーや豆腐店は真夜中過ぎから仕込みをする仕事だ。志賀もパン職人だから、夜中に働く。前日に仕込んだパン生地を夜中から早朝に焼きあげ、具合を確認して家路につくという。店舗の営業時間が始まったら自宅に戻って休んでいるわけだ。インタビューの時間が午前八時になるのも仕方のないことだろう。

さて、彼が待つ店内に足を踏み入れたら、焼きあがったパンがそこかしこにあった。小麦が焼けて、バターの風味と混然一体になった香りだった。

「どのパンでもいいから、焼き立てをそのままでかじりたい」と思ったけれど、口には出さなかった。なんといっても初対面である。厚かましいことは言えない。

冒頭、志賀は「僕は子どもの頃からパン屋になりたかったわけではないのです」とまるで言い訳のように呟《つぶや》いた。

「子どもの頃は哲学が好きでした。まあ、おかしな子どもですよね」

一九五五年生まれで新潟県出身の彼は大学受験のために上京。都内の北区西ヶ原に下宿した。新聞配達をし、時間があったので、近所の町のパン屋でもアルバイトをした。

「その時、生まれて初めて棒のようなバゲットを食べたんです。衝撃でした」

一九七四年のことだった。その後、彼は大学への進学をあきらめて、都内のベーカリーに就職を決める。

「うちの兄貴と相談したんです。頑張れば上に行ける店で働けばいいんじゃないか、と。あの頃、ベーカリー、鮮魚店、青果店は仕事がきつくて、働き手がいなかった。働いている人たちには、真面目とは言えない人もいた。たばこを吸いながら、競馬中継を聞いているような人たちも多かったから。

僕は頑張って働けば何とかなると思ったので、何軒かを見て歩いたのちに、あるパン屋さんに勤めることにしました。そして、なんといってもバゲットがおいしかったことがパン屋で働く動機でした。だって、あの頃、昼になると、ひとりで一本食べてましたから。バターかもしくはピーナッツバターをつけて……。都内でもまだ、バゲット自体が珍しかったと思います。普通のベーカリーで売っていたのは食パンと菓子パンだけでした」

本格的なバゲットが日本に登場したのは一九六五年四月に開かれた東京国際見本市とされる。ベーカリーの「ドンク」が見本市会場でフランスパンの製造を担当し、実演者として、フランスからフィリップ・ビゴを招いた。ビゴは見本市が終わった後、ドンクに入社し、技術指導に当たる。後に独立し、芦屋《あしや》に「ビゴの店」を開店、いまも関西、東京に支店がある。

国際見本市でフランス風パンが日本デビューした翌一九六六年、ドンクは青山店をオープンした。バゲット、バタールなどハード系パンを常備する店で、そこから日本中にフランスパンが広まったと言っていい。

志賀がバゲットに出会ったのはドンク開店からほぼ十年後で、東京ではすでにいくつかのベーカリーがバゲットを扱っていた。しかし、志賀の育った新潟ではまだ販売されていなかったのだろう。

ベーカリーに勤めた彼は仕事に熱中し、腕を上げていく。「アートコーヒー」「カフェ・アルトファゴス」「パティスリー・ペルティエ」「フォートナム・アンド・メイソン」でパンを焼き、二〇〇六年独立。シニフィアン シニフィエを開いた。フランス語店名は、直訳すると「意味するもの」と「意味されるもの」。哲学的である。

彼の経歴のなかでも、幸運だったのは福田元吉との出会いだ。福田は帝国ホテルのベーカリーで、「日本のホテルパンの父」と呼ばれたロシア人、イワン・サゴヤンの薫陶《くんとう》を受けた職人である。イワン・サゴヤンはロマノフ王家のブーランジェだったが、ロシア革命の後、逃げるようにハルピンへ移った。帝国ホテルを作った大倉喜八郎がハルピンに行った際、サゴヤンの作ったパンに感激し、帝国ホテルにスカウトする。サゴヤンは帝国ホテルで日本人職人にロマノフ王家が好んだフランスパンの技法を伝えたのだが、一番弟子が福田だった。福田は帝国ホテルからホテルオークラ、ホテルパシフィック東京と職場を移り、彼もまた多くの弟子を育てている。

志賀はかみしめるように言った。

「福田さんに教わったことはいろいろありますが、強調していたのは、パンを作る時にいろいろな薬を使っちゃいかんということでした」

わたしは訊《たず》ねざるを得ない。

――いろいろな薬とは何のことですか？

「たとえば発酵促進剤とか乳化剤など。発酵促進剤を使えば小麦粉をこねてから焼きあがるまで五～六時間はかかるバゲットが二～三時間でできます。しかし、福田さんはそんなことはするなと言った。僕はやっていません。発酵時間を長くしてパンを焼いています」

パンを作る際、もっとも時間がかかるのは発酵の過程だ。パンの製法を簡単にまとめると、次のようになる。

①小麦粉、食塩、水、糖分（他にバター、牛乳を加えるパンもある）を混ぜてこね、パン生地にする。

②パン生地をこねながらイースト（酵母）を加えて発酵させる。これが一次発酵。
③その後、分割し成型したものをもう一度発酵（二次発酵）させる。
④パン生地をオーブンに入れて焼く。
発酵時間はパンの種類によって変わってくるが、一次発酵、二次発酵を合わせると数時間になる。生地に発酵促進剤を加えると時間が短縮されるから、生産効率が良くなり、生産量が増える。パンを大量に作らなくてはならないメーカーはついつい発酵促進剤に頼ってしまうだろう。発酵促進剤はコンビニ、スーパーで売られているパンの原材料表示を見ると、「イーストフード」と表記されている。友人である元食品会社社長に聞くと、「認可されているから危険な物質とは言いがたい。しかし、私はなるべく無添加のパンを選びます」……。食品添加物の場合、ネット検索しても、本を読んでも「使用してもいい」と語る人と「絶対ダメ」のふたつに分かれる。結局は自分で判断するしかないのだが、わたしも彼と同じく「食品添加物が悪いとは言い切れないのだろうけれど、常食する気はない」派だ。だから、イーストフード使用のパンはなるべく遠慮したいと思っている。

志賀は首を振りながら言った。

「福田さんはそういう薬は入れるなとおっしゃってました。そして、僕自身も入れたくはありません。だから、酵母を少なくして発酵時間を長くしたパンを作るようになったのです。いまは四十時間、一二〇時間という長時間発酵のパンも焼いています」

シニフィアン シニフィエは従業員二十名で年商は二億円ほど。儲《もう》かっているのだろうかと率直に聞いてみたところ、志賀は「たいしたことありませんよ」と苦笑した。「売り上げ二億」と聞くと、成長企業のように感じるけれど、従業員が二十名だから、給料の支払いは少なくない。しかも、社員の大半は夜中からの出勤になる。重労働を考えると、すごく儲かっているわけではないかもしれない。

「うちが業界で知られているのは売り上げや規模ではなく、自家製酵母を使うこと、長時間発酵でパンを焼いていることなど、やっていることが他の店とは違うからでしょう」

志賀が実践していることのうち、長時間発酵と並んで知られているのが、満寿屋と同じ国産小麦を使ったパン作りで、およそ十年前からのことだ。

ハードルは高かった

志賀は「いまは国産小麦でパンを作る人は増えている」と言った。

「ただ、満寿屋の現社長のお父さんが国産小麦でパンを作ろうとしたのは二五年も前でしょう。それはかなり難しいことだったと思います」

わたしは志賀に訊ねた。

——どこが難しかったのでしょう？

「まず、小麦がなかった。いま、僕はキタノカオリ、ハルユタカという国産小麦を使っていますけれど、当時はなかったか、まだできていなかった。あったとしても量がない。それに、キタノカオリにせよ、僕はまだ世界基準のおいしさにはなっていないと思います。いちばんおいしいと思うキタノカオリでさえ、その程度の味なのですから、当時の、うどん用小麦で焼いたパンはおいしくなかったでしょう。また、うどん用小麦では食パンは焼けません。お父さんは苦労されたと思います」

——うどん用小麦で他のパンは焼ける。でも、食パンはダメなのですか？

「日本で取れる小麦の大半はうどん用（中力粉）です。グルテニン、グリアジンの量が少なく、グルテンができません。グルテンがないとパンは膨らみません。

　中力粉で食パンを焼くとしましょう。グルテンが少ないから発酵しても食パンの型の上まで生地が膨らんできません。型の半分くらいでしょう。そのまま焼いたとしても、なかに気泡のない黒パンのようなものになってしまいます。餅のような食感でしょうから、おいしいはずがない。ただ、バゲットならあるいは当時の国産小麦粉で焼くことができたかもしれない。しかし、おいしさは出てこなかったでしょう」

──おいしさが出てこないとはどういう意味でしょうか？

　志賀とわたしはシニフィアン シニフィエの店内で話をしていた。パンのおいしさの話になると、志賀は腕を組み、「説明が難しいな」といった顔になった。ふと、周囲を見渡して、焼きあがったバゲットを指さした。

「パンのおいしさは、粉に含まれるでんぷんが発酵により糖化し、たんぱく質、アミノ酸に変わり、それがうまみ成分になるんです。パンに含まれる遊離アミノ酸の量を計れば、パンの原料である小麦粉のおいしさの能力がある程度はわかるかもしれません」

　要は、パンのおいしさはできあがったパンに含まれる遊離アミノ酸の量を計測することがひとつの指標になるということだ。

「ただし、粉の力だけではありません。むろん、こねる技術、焼く技術なども関係してきます」

当たり前のことだけれど、パンのおいしさは小麦粉そのものの味に加えて、職人の技術力が必要になってくる。つくづく当たり前だけれど……。

それはさておき、では、満寿屋の先々代社長はどうやって、国産小麦を確保し、また、国産小麦を使うパン作りに挑んだのだろうか。

志賀は次のように推測した。

「まずは農家に小麦を作ってもらう。それから国産小麦を使うためのレシピを開発したのでしょう。どちらも大きな仕事ですね。農家を訪ねて小麦を作ってもらうことから始めなくてはならない。そうして、小麦ができたとしても、今度は国産小麦を使ったレシピを作らなければならない。レシピを変えると一口に言っても、これが難しいんです。古い職人は昔からのレシピを絶対的なものと思っていますから、まず変えようとしない。職人の意識改革をしなくてはならない」

それは、気が遠くなるような手間のかかることだ。

わたしは整理をして、志賀に確認した。

——では、こういうことですか。農家を訪ねて国産小麦を作ってもらう、そうして、収穫量が一定規模になったら、国産小麦の質にあった新しいレシピを考える……。

志賀はまずひとことで答えた。

「まだまだ。レシピを作っても、雑菌との戦いがあります」

彼は続けた。

「国産小麦の問題は雑菌が多いことなんです。日本は雨が多いし、土壌が豊かです。できた小麦も粒自体に水分が多い。雑菌が増えやすい小麦の質なんです。パン作りに欠かせない発酵の最中に雑菌が増殖して、ヘタをすれば腐敗してしまうかもしれない。雑菌の増殖を防ぐ仕組み、環境を整えなくてはなりません。

僕は長時間発酵のパンを作る時は発酵室の室温を五度に下げています。電気代もバカになりません。

そして、もうひとつ。パン作りは情報です。いまは国産小麦でパンを焼くにしても、ネットをはじめ、さまざまな情報にアプローチする手段がある。しかし、杉山さんのお父さんがやった頃は手探りだったはずです。誰の助けもなく、いちいち自分でやらないといけないのだから、途方もなく時間がかかったと思います」

志賀はいま杉山に請われて、満寿屋の従業員に焼き方の指導をするようになった。

「僕自身、うちのパンの半分は国産小麦で焼いています。杉山さんと知り合って、帯広の粉を使って、焼いてみたいと思いました。杉山さんは熱心です。ですから、指導を引き受けました」

では、志賀にせよ、満寿屋の杉山にせよ、どうしてそこまでして、手間のかかる国産小麦の使用にこだわるのだろう。

志賀はあっさり言った。

「日本人だからです。日本人が日本の小麦をちゃんとしたパンにできなかったら、それは良くない」

彼は続けた。

「加えてポストハーベストの問題、フードマイレージの問題もあります。地産地消は重要なんです。パンだけではありません。すべての食べ物に言えることです」

ポストハーベストとは収穫後の農産物にかける農薬のことだ。船のなかで小麦にカビが生えないよう、また、虫がわかないようにかける薬である。輸入穀物にはかけるけれど、日本国内では使うことを禁じられている。つまり、北米から小麦を運搬する船のなかではポストハーベストは使えるけれど、北海道から沖縄へ小麦を運ぶ場合は使えない。

また、フードマイレージとは食料の輸送距離をいう。長い距離を運べば運ぶほど二酸化炭素を消費し、地球環境を汚す。

志賀はパンを焼いて売るという商行為のなかに、地球環境の問題、食の安全というテーマも包含して考えている。彼が業界では特異な存在とされているのは、大きな視点からパン作りを論じるからだろう。

そして、わたしは思った。ひょっとすると、満寿屋の先々代、亡くなった杉山健《けん》治《じ》もまた大きな視点でパン作りをとらえていた人ではないかということだ。

「国産小麦でパンを作ろう」と思った動機は「よし、これで大儲けしよう」ではなかったように思う。志賀と同じように、将来に託す何かを持っていたのではないか。

亡くなった杉山の父は十勝の小麦の将来に何を見たのか。それを知るには帯広へ飛ばなくてはならない。

第2章

十勝へ

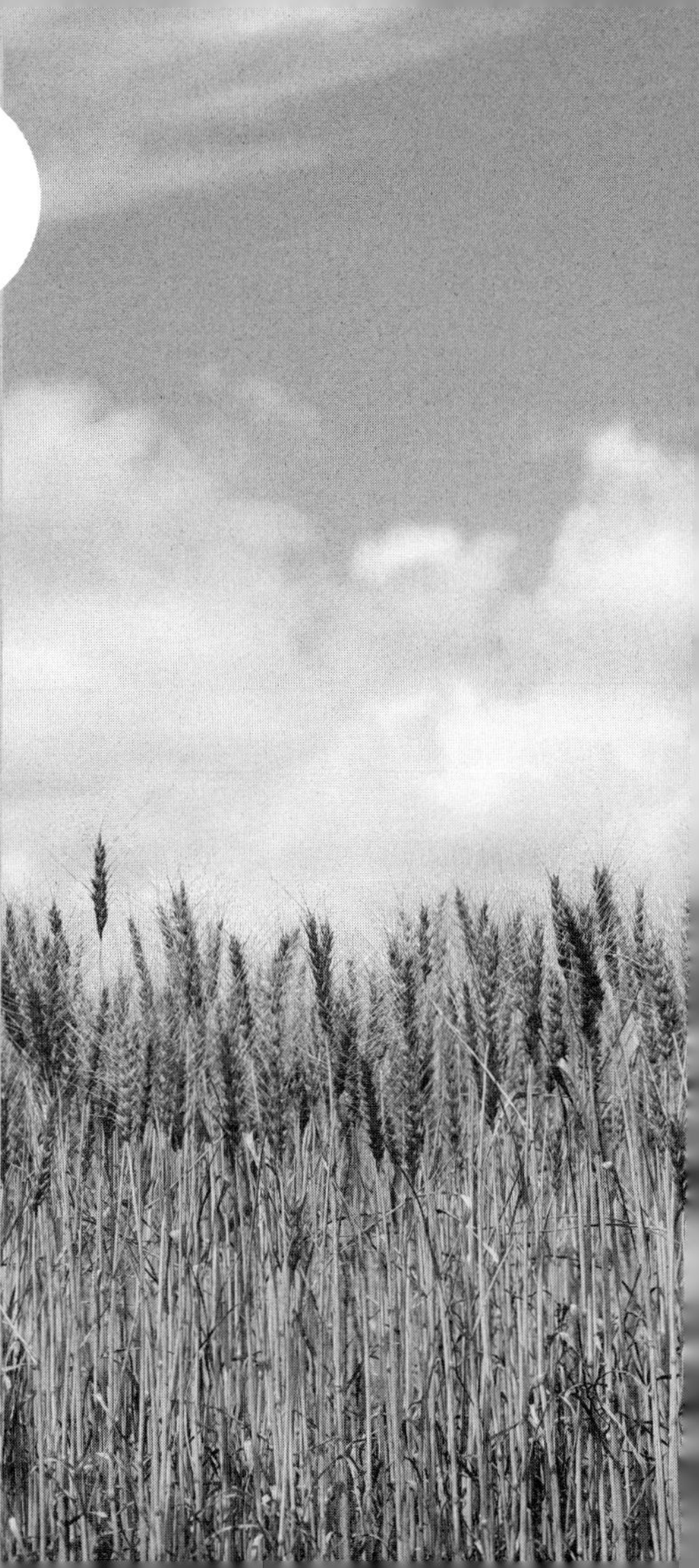

マイナス三五度

満寿屋が生まれた帯広は北海道の真ん中よりやや南に位置する。札幌からJRで二時間四十分。これが釧路《くしろ》や函館《はこだて》だと札幌の丘珠《おかだま》空港から飛行機で飛んでいけるけれど、帯広へはJRもしくは車で行くしかない。電車で二時間四十分とは新幹線で東京から大阪に移動する感覚だ。居住人口では札幌、旭川《あさひかわ》、函館、苫小牧《とまこまい》、釧路に次いで六番目に大きい町である。ただし、札幌の人口が一九七万で、以下、三四万、二六万、あとは十七万といったところ。北海道は札幌に人口が集中しており、他の都市はどこも似たようなものと言える。そして、札幌への集中の流れは今後も止まらないと思われる。

わたしは二〇一六年から夏と冬に計四回、出かけていった。とかち帯広空港から市内に向かう間、冬でも夏でも遠くの方に山は見えるけれど、まわりは冬は雪でまっしろで、夏は畑で緑色である。道はあくまで平坦《へいたん》で坂道はない。湿気は少なく、冬は寒く夏は暑い。昔は冬の寒さは特に厳しかったようである。

満寿屋会長で東京生まれの杉山輝子《てるこ》によると、

「マイナス三五度という日もあった。いまでもマイナス二五度にはなる」。わたしは北海道ではいちばん北にある稚内《わっかない》がもっとも寒いのではないかと思っていたけれど、輝子によれば、

「そんなことないわよ」

だった。

「海のそばはかえって暖かいの。旭川とか帯広のような内陸でしかも盆地のところがいちばん寒い。これも昔の話だけれど、酔っぱらって歩いていた人が道でうとうととして、眠ってしまって、そのうちに凍死した……、なんてこともあったのよ。いまはマイナス二五度。それでも、洟《はな》をすすると鼻腔《びこう》がくっついちゃう。東京からお嫁に来た時、大変なところに来たと思ったもの」

確かに冬の帯広は寒い。わたしはユニクロの極暖《ごくだん》下着を買い込んで出かけていったけれど、道に立っていると道路に接する靴の底から冷気が上ってくる。そして、濡《ぬ》れタオルを振り回すと棒のように固くなる。二泊や三泊の旅行なら我慢できるけれど、寒さに弱い人は暮らせないだろう。

帯広を含む十勝地方の基幹産業は農業と酪農だ。甜菜《てんさい》、大豆、小豆《しょうず》、馬鈴薯《ばれいしょ》、にんじん、とうもろこし、そして小麦（主にうどん用）。酪農は生乳と乳製品。豚も

飼っている。米も作ってはいるけれど、量はそれほど多くない。しかし、北海道の米は昔はまずいとされていたが、今では品質が上がり、コシヒカリに比べても遜色ないという評価があるくらいだ。

十勝の耕地面積は北海道全体の約二二パーセントで、日本全国の五パーセント。畑の面積は全道の十二パーセント。全国の他の農業地帯とは違い、区画が大きく大規模な畑作が営まれている。ここで作られた食料だけで十勝地方の人口三五万人の十倍を養うことができるという。

北海道のなかでも農業、酪農に特化した地域だ。そのため製造業のうち半数が食品企業となっている。全国に知られているのが菓子「マルセイバターサンド」の六花亭と、同じく「三方六《さんぼうろく》」の柳月《りゅうげつ》だ。いずれも土地で取れた小豆、小麦、砂糖、牛乳を主原料にしている。

満寿屋が「国内産小麦だけでパンを作ろう。十勝の材料だけで菓子パン、総菜パンを仕込もう」と考えたのは周囲に豊富な食品材料があふれていたからだろう。それに、日高山脈と大雪山の雪解け水もある。遠くから運んでくるのではなく、近くにいくらでも新鮮な食品材料があるから、十勝の人なら何か作って売りたくなるのではないかとも思われる。

農業王国の誕生

先の大戦の時、北海道はソ連と対峙《たいじ》していたのだが、アメリカ軍の空襲にも遭っている。

帯広市ホームページによると、道史には次のような記載がある。

「昭和20年7月14日未明から15日夕刻まで、北海道はアメリカの航空母艦から発進した艦載機による空襲と艦砲射撃を受けた。道内の死者は１９２５人、負傷者９７０人、被害戸数６６８０戸」（『県史１　北海道の歴史』山川出版社）

「十勝各地でも空襲による被害を出し、被害が最大であったのは本別《ほんべつ》町であった。死者36人、重軽傷者14人、全焼家屋２７９戸、大破及び倒壊１１３戸。帯広では、駅構内や啓北国民学校付近などが銃爆撃を加えられ、死者５人、家屋損壊60有余戸などに及ぶ被害を受けた」（帯広市ホームページより）

敗戦の後、帯広には二百人のアメリカ軍人が進駐してきて、東京のＧＨＱ本部で定めた占領施策を伝えた。そのうち帯広、十勝地方にとってもっとも影響が大きかったのは農地改革（一九四七年）だろう。

農地改革とは不在地主、在村地主が持っていた小作地を国が買い上げて、実際に耕作していた人々（小作人）に売り渡すことだ。改革の直前まで帯広市内の小作地は自作地の約二・四倍もあった。それがすべて小作人に移り、小作人は自作農へと変わる。他人の土地を耕していたのが、自分の土地になったのだから、やる気が違う。戦後、食糧生産が回復した背景には農地改革の効果が大きかったと思われる。帯広市ホームページにも、「これ（農地改革）が大いに営農意欲をかき立て農業王国十勝を生む原動力となった」と書いてある。ここにあるように、帯広、十勝の戦後の姿を決定した大きな要因だった。

市民の生活も徐々に改善されていった。敗戦の年は冷害、凶作で食料の配給は遅延し、市民は飼料用の燕麦《えんばく》、でんぷん粕《かす》を食べなくてはならなかった。また、敗戦の翌年からは「未曽有のインフレーション」で、「帯広の平均物価は21年1月から3年間で約100倍に膨れ上がり、生活困窮者の数は増大した」（同市ホームページ）。

三年で物価が百倍になるとはちょっと想像がつかないけれど、そうなると、食料や物資を貯《た》めこむ人間が出てきただろう。市民の貧富の差を分けたのは案外、この三年間だったのではないか。

第3章

終戦と開店

一日に二五〇〇人

　敗戦から五年、物価もやや落ち着き、食料もいきわたるようになった年、帯広駅から歩いて七分の繁華街に満寿屋は開業した。主人は現社長、杉山雅則の祖父、健《けん》一《いち》である。健一は東京のパン屋で修業した腕を生かして、故郷の帯広で店を開いた。店名の満寿《マス》とは健一の母親の名前だ。マスは子どもの時、「裸馬に乗って遊んでいた」というおてんばで、気性のはげしい女性だった。息子は母親に言われて、名前を店名にしたのかもしれない。

　できたばかりの満寿屋は大した宣伝をしたわけではなかったが、すぐに客がついて、繁盛店になった。それには時代の背景があり、また立地の良さも味方したと言える。むろん、パンが上質だったことも忘れてはならないが……。満寿屋のパンは創業当初から地元の小豆、生乳などを使い、しかも、形が大きかった。そこで、人々にウケたのである。

　もうひとつ、満寿屋が繁盛した理由がある。現社長の杉山はこう説明する。

「十勝の農家の人って、一度にパンを三十個くらい買うんですよ。農繁期になると、忙しくてご飯を炊いていられないし、夏場、畑におにぎりを持って行ったら傷むでしょう。だから、あんドーナツやクリームパンみたいな甘いパンをたくさん買い込んで、おやつに食べていた。それに、東京と違って、いちいち歩いてパンを買いに行くわけにはいきません。自動車に乗ってやってきて、たくさん仕入れて、大型冷凍庫に入れて保存しておく。本当に帯広の人はパンが好きだと思います。市内の本店は三六坪の店なんですが、一日に二五〇〇人のお客さんを迎えたこともありました。店は祖父が始めた頃から繁盛していました」

一九五〇年のパン事情

健一が小さな店を開いた一九五〇年、日本はまだアメリカをはじめとする戦勝国の占領下にあった。その年の前半まで国内では労働争議が頻発し、景気も決して良くはなかった。現在は日本一の企業になっているトヨタがつぶれそうになったのはその年のことだった。だが、隣国の戦争により、日本には特需が舞い込む。

同年六月二五日の午前四時、北朝鮮の人民軍が韓国に侵入する。三日後の二八日朝、ソウル市民が目を覚ましたら、北朝鮮の軍隊が市内に進駐していたというくらいの奇襲攻撃だった。朝鮮戦争の勃発は「第三次世界大戦の始まりか」と日本国民を驚かせたけれど、戦線は半島から拡大することはなかった。だが、戦闘状態は続き国連軍と中国軍は五三年の七月二七日まで対峙する。

朝鮮戦争が日本経済に与えた影響は大きかった。日本は特需景気により、産業が活性化し、働く者の賃金も上昇した。その結果、国民の食糧事情はさらに改善されていく。

五二年四月には「日本国との平和条約（サンフランシスコ平和条約）」が発効し、日本は主権を回復し、独立国となった。帯広の町に敗戦の気配は濃く残ってはいたものの、それでも窮乏生活を脱しつつある状態だった。

「敗戦後、日本にはアメリカ産小麦が大量に輸入された。飢餓状態を解消するための緊急援助物資であり、それがやがて学校給食のパンに加工されるようになり、全国的にパン食が普及していく。それはアメリカ政府の小麦戦略だった……」

パン関係の資料を見ると、だいたい、こうしたことが書いてある。戦後、パン食が瞬く間に米食を駆逐していったような印象を受けてしまうけれど、事実はそれほど単純ではない。確かに敗戦直後は小麦の需要がぐんと伸びた。その大半はアメリカからの援助と、金を出して輸入したものだった。だが、その後、小麦の需要は一時、足踏みする。米の生産が徐々に回復していったこともあるけれど、当時の人々にとってパンはおやつであり、米の代わりとなる主食ではなかった。小麦を食べると言えばパンよりもむしろうどん、そうめんだった。当時、アメリカから輸入した小麦をうどん、中華麺にすることもあったのである。

加えて、小麦の需要が増えなかったもうひとつの理由は、当時の日本人が麦飯を食べていたことだった。

麦飯に使う麦は小麦ではない。大麦だ。国産の大麦に水を加えてローラーでつぶしたものを押し麦と呼び、それを米と混ぜて炊いていたのである。戦後から一九六〇年代まで、米が七、押し麦が三という麦飯はポピュラーなものだった。なかには米と麦を半々にして炊いていた家庭もあった。米よりも押し麦の方が安かったから、当初は米飯を増量するために混ぜていたのだけれど、一九六〇年代には麦が安いからというより、ダイエットや健康のために麦飯を摂《と》る人も少なくなかった。

パンがなかなか主食にならなかったのは、麦を加えたご飯を食べていた人が大勢いたからだと思われる。家庭だけでなく、刑務所、企業や組織の社員食堂、給食では、ある時期まで、当たり前のように麦飯が出た。

わたしは一九五七年生まれだ。小学校の時は学校給食で脱脂粉乳を飲んで、食パンにマーガリンをつけて食べていた。だが、うちに帰ると、食事はもちろん、ご飯だった。朝は味噌汁とご飯と佃煮《つくだに》あるいは、でんぶ。焼き魚はなかった。夜はハンバーグだったり、豚肉のしょうが焼きだったり、焼き魚、煮魚も食べた。そして、ご飯だけれど、白米の時もあったが麦飯の日もあった。ビタミンB群を強化した押し麦を入れたもので、「麦飯は今上陛下も召し上がっているから、残してはダメ」と母親に言われた。何より麦飯をくさいとかまずいと思ったことはない。お通じが良くなると信じて食べていた。

一九五〇年には蔵相（のち首相）、池田勇人《はやと》の発言で、「貧乏人は麦を食え」ということなのかと大いに問題になったが、わたしが小学校低学年だった昭和三十年代後半では麦飯は貧しい人が食べるというよりも、すでに健康食として認知されていた。同級生の家でご飯をご馳走《ちそう》になった時も、ガス釜で炊いた麦飯を食べた記憶がある。白米や麦飯を食べる家庭が一向に減らなかったために、パン食はなかなか広まらず、そのため小麦の需要も爆発的に伸びていくことはなかった。

日本でパン食が普及したきっかけは学校給食だったけれど、拍車がかかったのは高度成長時代に始まった食の洋風化によるものと思われる。朝食にトースト、バゲットが登場するようになり、パンはやっと日常の主食となっていく。

町のパン屋

パン屋はとても古い職業だ。ずいぶんおおざっぱだけれど、麦の栽培は紀元前一万五〇〇〇年から九〇〇〇年の間に中央アジアから西アジアで始まったとされる。同時期、長江《ちょうこう》の流域では稲の栽培が始まっている。

紀元前六〇〇〇年から四〇〇〇年になるとメソポタミアでは小麦を粉にして水と混ぜたものを焼いて食べていた。これがパンの原型だが、まだ発酵の過程はなくパンというよりもクッキーやお好み焼きのようなものだ。紀元前四〇〇〇年から三〇〇〇年の間にエジプトで小麦と水を混ぜたものを発酵させ、膨らませたものを焼いて食べるようになった。これはもうパンであり、正確に言えばパンの発祥とはこの時ではないか。そして、紀元前五〇〇〇年から四〇〇〇年には古代ギリシャで酵母をパンの発酵に使うようになった。

当時、日本は弥生時代である。稲の栽培は始まっている。ただ、米だけでなく雑穀も食べていたと推測される。

古代ギリシャでパンができたのと同時に職業としてのパン屋が生まれた。商品の種類も増え、小麦粉と水だけのパンではなく、バター、牛乳、ナッツ、オリーブの実などを加えたパンも登場している。なぜ、こんなことがわかるかと言えば、現存する遺跡から窯や炭化したパンが出土しているからだ。

わたしは古代ローマのポンペイの遺跡を見学したことがある。紀元後七九年にヴェスヴィオ山が爆発したため、ポンペイの町はわずかな時間で火砕流と火山灰に埋もれてしまった。ポンペイ遺跡にはパン屋の跡があった。煉瓦《れんが》で造られたパン焼き窯、小麦を粉にするための石臼が置かれていて、店構えもあった。

「考古学者の判定を待たなくとも、誰が見てもパン屋だな」と思った。そしてその場所には似たようなパン屋が三四軒あったらしい。ポンペイ遺跡には当時のパン屋の様子を再現したイラストもあった。イラストを見たら、店内レイアウトは、現在、日本のあちこちで営業している手作りパン店の内部とあまり変わらない。つまり、パンという商品もパンを扱う店舗の様子も古代に確立されてから、ほぼ変わっていないわけだ。

さて、満寿屋が店を開いた一九五〇年からの数年はパン食が普及していく時期ではあったけれど、前述の通り、爆発的に伸びたわけではなかった。パンの店舗は増えつつあり、おやつ、あるいは昼食の弁当代わりに菓子パンを食べる人は多くなってはいたが、朝食、夕食としてパンが食卓に上がるほどポピュラーになるのはもう少し後だったろう。

杉山が祖父や父親から聞いた話にもあるように、帯広の人々は農作業の合間にパンを食べていた。北海道の夏はカラッとしてはいるけれど、それでも、朝握ったおにぎりを午後三時のおやつにすると傷んでいるかもしれない。そこで、畑に出る人たちは保存料でもある砂糖が大量に含まれた、あんパン、あんドーナツ、ネジリドーナツといった菓子パンを買い込んだのである。

十勝では今も種まきや収穫の時期になると、「出面《でめん》さん」と呼ばれるパートタイムの作業者が雇われる。農家は自分たちだけでなく、その人たちの昼飯、おやつを手配しなければならない。午前十時のおやつと昼ごはんを米食にしたら、どうしたって午後三時のおやつは菓子パンになってしまう。手軽に食べることができて、日持ちがする菓子パンが当時から現在まで、満寿屋の売れ筋だった。

創業期の同店は、一階が店舗、二階が製パン工場と家族の住まいだった。パンを作るのは健一、売るのは母親の満寿と妻のふみ子。そして、従業員が数人といったところである。

いずれの店でも同様だけれど、パン屋の朝は早い。満寿屋の開店時間は午前六時だった。冬ならば外は真っ暗闇だ。雪が降り積もるなか、商店街の一角にぽっかりと明かりがともっている。まだコンビニなど影も形もない頃のこと、満寿屋だけが店を開けている。なかに入ると暖房がきいていて暖かく、しかも、焼きあがったパンの香りが鼻腔をくすぐる……。満寿屋が繁盛したのは身体とお腹《なか》を温めてくれる、ほっとする場所だったからだ。

ただし、午前六時に開店するとなると家族も従業員もうかうか寝てはいられない。食パンなどの仕込みは前夜にやっておくが、起きるのは毎日、午前三時である。最初のパンが焼きあがるのは午前四時だ。食パンなどは冷まさなければスライスできない。そこで、他のパンよりも早めに仕上がるようにする。開店時間までの間、次々とパンが焼きあがる。毎朝、早くから働き、しかも休みはない。夜遅くまで酒を飲んで騒ぐなど考えられないのが町のパン屋の生活なのである。

杉山は「祖父から聞いた」話を教えてくれた。

「当時の商品ですが、食パン、菓子パンに加えてコッペパン、ジャムパン、コロッケパン、焼きそばパンなどがありました。ただ、サンドウィッチはまだやってなかったようです。きっと、人手が足りなかったのでしょうね。サンドウィッチはキャベツを刻んだり、マヨネーズで和えたりと手間がかかります。一方、菓子パンはあんパン、クリームパンは生地が同じで、なかに入れるものが違うだけですから。そうですね、当時の商品はだいたい五十種類くらいではなかったかと思います。多くの種類を置いた方がお客さんにはアピールするけれど、家族経営ではそれくらいが限度です。ああ、そうでした。当時のパン原料は輸入の小麦粉です。あんパンのあん、副原料の牛乳、バターは十勝産のものを使っていたでしょうけれど、小麦粉は北米産でした」

ちなみに、いまの満寿屋では約二百種の商品を置き、一か月に一度は新商品を出している。新商品は社員がみんなでアイデアを出し合う。客が支持した商品は定番となるけれど、そうでなかったものはなくなってしまう。また、創業から一九七〇年代まではバゲット、クロワッサン、ブリオッシュといった商品も、当然焼いてはいなかった。加えて、商品の陳列もいまのようなトレーとトングを使う形式ではなかった。ガラスケースに並んだパンを客が指さすと、従業員が紙袋に入れて渡すやり方だ。

トレーとトングを使って選ぶ形式が日本でスタートしたのは一九七二年のことで、

タカキベーカリーが始めた「アンデルセン」が導入したものだ。

満寿屋が開店してから一九七三年に鉄筋ビルへ建て替えるまでは、どこの町にもあったごく普通の商店街のパン屋だった。鮮魚店、青果店、精肉店、洋品店、文房具店といった、毎日買い物に行く店の並びにあり、ガラスの引き戸を開けると、三角巾をかぶったおばさん、もしくは若い女店員が迎えてくれた。

その頃の町のパン屋が置いていたのは次のような商品だった。

あんパン、クリームパン、三色パン（カスタード、つぶあん、チョコレートクリーム）、チョココロネ、甘食、シベリア（カステラに羊羹《ようかん》をはさんだもの）などの菓子パン類。総菜パンはカレーパン、コロッケパン、ハムカツサンド、焼きそばパン、ホットドッグ（魚肉ソーセージをはさんだものもあった）といったところ。そして、コッペパンと食パン、サンドウィッチ。コッペパンは客が頼むとバター、ジャム、ピーナッツバターなどを塗ってくれた。サンドウィッチはハム、玉子、キャベツをマヨネーズで和えた野菜、の三種類である。

食パンはカットする前の塊で置いてあり、「一斤ください」と頼むと、販売員が「何枚切りにしますか？」と訊ねてくる。客は「六枚にしてください」とか「サンドウィッチにするので八枚で」などと頼む。そうすると、販売員がスライサーでカットして、それを紙袋に入れて渡してくれた。ちなみに、食パンをトーストして、何を塗っていたかと言えば、バターよりもむしろマーガリンで、ジャムよりもむしろマーマレードだった。現在、ジャムのことをコンフィチュールと呼ぶようになり、種類も多くなったが、当時、売っていたジャムはいちごだけである。ラズベリーとかブルーベリージャムは東京の高級スーパー紀ノ国屋にでも行けばあっただろうけれど、昭和三十年代、四十年代にブルーベリージャムを常食していた人はほぼいなかった。

食の洋風化

パンがおやつとしてではなく、日本人の朝食にたびたび登場するようになったのは一九七〇年代に入ってからになる。

パン業界の各種資料にはこんな事実が列挙されている。

・昭和四十年代に入るとすぐに大手パンメーカーの競争が激化した。
・同時期、ダイエー、イトーヨーカドーをはじめとするスーパー店内でパンが販売されるようになった。

・大手デパートの食品売り場ではホテルが作った食パンなどを売るようになった。
・Ｐａｓｃｏ、ドンク、リトルマーメイドなど高級イメージのベーカリーチェーンが登場した。
・バゲット、デニッシュ、マフィンといった新しい商品が登場した。

また、一九六〇年代には庶民が朝食にトースト、コーヒーという食事を摂り始めたとの証言がいくつかの資料にあった。確かに大都市の一部の家庭ではそうだったかもしれないが、全国的にはもう少し後になってからだ。

「いや、うちは毎朝、食パンを焼いて、インスタントコーヒーを飲んでいた」と主張する人もいるだろう。

そういう風景がなかったとは言わないが、それは大人に限っての話だ。あの頃、子どもはコーヒーを飲ませてもらえなかった。また、おじいちゃん、おばあちゃんはご飯と味噌汁である。パンが老若男女にとっての主食になるにはコーヒー以外の飲み物が一般化する必要があった。

特に子どもがパンと共に飲みたくなる飲料が普及することが、パン食が広がっていくうえで重要だったのである。その飲み物とは何か。そもそもコーヒーではない。また、紅茶でもなかったし、コーラでもない。牛乳も一役買ったけれど、牛乳でもない。牛乳は「飲むとお腹を下す」人が少なくなかったからだ。

では、食の洋風化、パン食を先導したのはどういった飲料だったのか。

それは百パーセントストレート果汁のジュースだ。それまで粉ジュースや濃縮の甘いジュースはあったけれど、おやつに飲むもので、とても食事の際の飲料ではなかった。すっきりした味で、ストレート果汁で、毎日飲んでも家計を圧迫しない値段のジュースが登場したのは一九七二年である。すっきりした本物の果汁ならばトーストでもクロワッサンでも合う。パスタでもまあ、おかしくはない。しかも、子どもも老人も飲むことができる。

一九七一年、サントリーの食品事業関係者がアメリカへ視察に出かけた。そこで、目を見張ったのはアメリカ人が朝食にフレッシュジュースを飲む習慣だった。

「日本人が果たして、朝飯にジュースを飲む日は来るのだろうか」

彼は「そんな日が訪れるとは到底、考えられない」と思った。しかし翌一九七二年、サントリーは天然果汁一〇〇パーセントの「サントリージュース」を発売する。オレンジ、グレープ、グレープフルーツの三種類である。そして、広告では「アメリカ人は毎朝、フレッシュジュースを飲む」ことを大々的に世の中にアピールした。

発売当初のプレスリリースにはこうある。

「コクのある本物の風格は朝食用や美容食、スポーツ後に最適」

ジュースは朝食の飲料だと堂々と宣言したのである。ストレート果汁については、たちまち同業他社も追随し、以後、需要は伸びていく。それと同時に朝食にパンを食べる家庭が増えていった。

さて、ストレート果汁が新発売された翌年の一九七三年。満寿屋の本店は建て直されてリニューアルした。現在と同じで三階建てのものだ。一階が店舗、二階がパン工場、三階が事務所と杉山家の住まいだった。店舗ではトレーとトングを持って、パンを選ぶ販売形式を採用した。帯広のパン屋では初めての試みだった。

七四年、健一の長男で跡継ぎの杉山健治は結婚する。相手は東京の高円寺にあるベーカリー「モンパルノ」でアルバイトの同僚だった藤井《ふじい》輝子だ。

モンパルノ

敗戦後の一九四八年に帯広で生まれた健治はベーカリーの上にあった住まいで育った。両親が朝早くから働くのを間近で見ていたから、小学校に上がる頃には工場に入っていき、パンを仕込むことと焼きあげるのを手伝うようになった。中学を出て一度は地元高校の普通科に進んだが、学校が肌に合わずに自主退学。「昼間はパンを焼く」と実家を手伝いながら定時制高校に通った。健治は十六歳からすでに本格的にパン職人として修業を始めていたわけだ。定時制高校を出た後、上京して拓殖大学に進む。だが、折も折、団塊の世代だった健治は大学紛争に巻き込まれてしまう。大学は封鎖され、授業は行われなくなった。そこで、彼は高円寺に新装開店したモンパルノでパン製造の助手をするアルバイトを始めたのである。ただし、アルバイトと言っても最初はただ働きだった。「パンの勉強をする」のが目的だったから、お金よりも、進んだ技術を持つ有名ベーカリーの製造現場を見たい気持ちの方が強かった。

それが一九七二年のこと。杉山健治は二三歳だった。高校を出るのに五年間かかっていたので、大学二年に在学はしていたが、年齢は同級生よりも三歳上だった。

モンパルノは元々「ももや」という名前で営業していた、高円寺ではおいしいことで知られるパン屋だった。だが、古くなった店を改装するにあたり、時代に合わせてトレーとトングを置くスタイルにして、名称もちょっとおしゃれにしたのだった。モンパルノの工場長はあんパン、ジャムパンを考案した銀座の木村屋總本店《そうほんてん》から引き抜かれた人物で、彼が精魂傾けて毎日、パンを焼いたこともあって、店はいつも客でいっぱいだった。なかでも、すぐに売り切れてしまうほどの人気商品が各種サンドウィッチである。モンパルノではパンにバターを塗るのではなく、からしマヨネーズを使い、ハム、玉子、野菜などの具材をはさみ込んだ。

考えてみればサンドウィッチは町のパン屋にとっては戦略商品とも言えるものだ。食パンそのもので売るよりも手間はかかるが利益率が高いし、店の個性を主張できる。現在でも、繁盛しているベーカリー、ブーランジェリーではサンドウィッチ、ピザ、ホットドッグ、ハンバーガーなど調理パンに力を入れているところが多い。

また、いまでこそサンドウィッチは種類が増えているが、当時はモンパルノで売っていたようなハム、玉子、野菜が主流で、ようやくツナサンドが加わったぐらいだった。一般のパン屋が商品として出していたサンドウィッチは食パンを薄くスライスして、そこに具材をはさみ込んだもので、ハムは近所の精肉店から仕入れたもの、玉子は茹《ゆ》で卵とマヨネーズを合わせたもの、野菜は茹でたキャベツ、塩をして薄く切ったきゅうりなどをこれまたマヨネーズで和えたものだった。

パンに塗るのはからしを混ぜたマーガリンだったけれど、子ども客が多い店ではからしを使わないところもあった。だが、モンパルノではマーガリン、バターは使わず、マヨネーズにからしとサラダ油を混ぜ、すっきりとした味に仕立てたのだった。これは自宅でサンドウィッチを作る時の参考になる。

もうひとつ付け加えれば、サンドウィッチの形が長方形から現在のような三角形に近い台形になったのは東京の茗荷谷駅《みょうがだに》近くにあった「フレンパン」が開発したからとされている。客の「中身がすぐに見えるのがあればいい」というひとことから考案されたもので、以後、全国に広まっていった。ただ、完全な三角形だと端のところがつぶれやすい。そこで、一見、三角形に見えるけれど、実際は三角形に近い台形のサンドウィッチの方が多く流通しているのである。

満寿屋のサンドウィッチもまた台形になっている。このようにサンドウィッチの切り方ひとつとっても、日本のパンは日々、進化し続けているのである。

女優登場

健治が働くようになって一年後のことだった。モンパルノに若い女の子がふたりやってきて「アルバイトさせてください」と申し出たのである。働きたいと言ったのは、はきはきしゃべる女の子の方で、もうひとりは「この子は見ての通り丈夫で、よく働きますよ」と保証するためについてきただけでアルバイトしたいわけではなかった。面接したモンパルノの社長は最初は面食らったけれど、面白いと思った。「どうして、うちで働きたいの？」と訊ねてみたら、はきはきした女の子は「食べることとパンが大好きなんです」と答えた。「パンのなかでは何がいいの？」と聞くと、「サンドウィッチです」と大声で返事をする。

社長は「そうか。別に募集はしていないんだけど、キミは熱心だから明日から来てくれ」とあっさり採用した。

「で、キミたちは学生なの？」

重ねてそう訊ねたら、女の子ふたりは胸を張って「演劇をやっています」と答えた。

ふたりは高円寺の北口側にあった劇団「東京演劇アンサンブル」の研究生で、晴れて採用された藤井輝子は「どうしてもモンパルノで働きたい」と思って、友だちについてきてもらったのだった。

輝子は東京の府中市生まれで健治より三歳下の、二一歳。父親は東芝に勤める技術者だった。当時、話題になっていた三億円事件は府中で起こったもので、しかも、盗まれた三億円（正確には二億九四三〇万七五〇〇円）は東芝の従業員向けボーナスの原資だった。輝子は事件当時高校生で、父親のボーナスが心配だったが、「ちゃんともらった」と聞いて、安心した記憶がある。都立府中高校から日米会話学院を出た後、海運会社のジャパンライン（現商船三井）に一度は入社した。職場演劇をしながら会社勤めをしていたけれど、どうしても女優になりたくて、退職することにした。東京演劇アンサンブルに通い始め、駅の近くでアルバイトを探していて、見つけたのがモンパルノだった。

採用された輝子がまかされたのはサンドウィッチの調理だった。仕事熱心だった彼女は要領を教わっただけで、すぐにサンドウィッチ部門の責任者になった。モンパルノは大きな建屋の工場ではない。一軒のパン屋だから、同世代の輝子とすでに勤務していた健治はどちらともなく話をするようになった。輝子が健治に抱いた第一印象は「よく働く人だな」である。かっこいいとかやさしいではなく、パンが好きで、よく働く人。そのため、ふたりが交わす会話とはつねにパンに関するものだった。

ふたりでいた時、何気なく輝子が言った。「ここのパン、あんパンでもジャムパンでもおいしい、とっても」

健治はふっと笑った。

「いや、おいしいけれど……。でも、うちの実家のパンの方がもっとおいしい」

瞬間、輝子が思ったのは、「モンパルノよりもおいしいパンって、いったい、どんな味のパンなんだろう」である。

輝子の健治に対する認識はよく働く人から「実家がおいしいパンを作っている人」に変わった。

彼女は思う。

「一度は健治さんの故郷、帯広へ遊びに行って、パンをお腹いっぱいタダで食べてみたい」

輝子が健治と付き合うようになったのは満寿屋のパンを食べたいという欲求からだった。

アルバイト先のモンパルノは繁盛していた。健治が焼くあんパン、輝子がこしらえるサンドウィッチはつねに売れ行き上々だったから、仕事の量は増える一方だった。もともと授業がなかった健治は学校へ行くことがごく稀になり、輝子もまた劇団からは遠ざかるようになった。パンに埋もれた日々で、そして、付き合うようになったふたりの休日もまたパンから離れられないものだった。店休日にはふたりでデートをするのだが、コースは決まっていた。健治が持っていたオートバイに二人乗りして、都内で有名だったパン屋をめぐるコース。パンをいくつか買い込んで、近くの公園や健治の部屋で食べるコース。健治が買ってきたパンやサンドウィッチの専門書を読んで、ふたりでレシピを見ながら試作してみるコース。デートはほぼこの三パターンだけだったのである。

むろん健治と輝子はパンの話だけを延々続けていたわけではない。時には、「好きだ」とか「愛してる」とかいった話題が出たこともある。ただしたいていは、恋愛ムードたっぷりの話よりも、健治が関心を持っている趣味について、一方的に話し、かたや輝子はうんうんとうなずくといった具合だった。

健治は言った。

「うちがパン屋だから、継ごうと思うけれど、ほんとは車とか飛行機の技術者になりたかったんだ」

そうして、今度は車の話が延々続くのだった。

健治は五年かけて拓殖大学を卒業し、帯広に帰郷することになった。ふたりは結婚する気でいたけれど、モンパルノにとっては大きな戦力になっていたから、同時に辞めるわけにもいかなかった。そこで、輝子は後任が入ってきたら、その子を一人前にして、それから、帯広に行くことに決めた。

マヨネーズのレシピ

半年ほどの間、健治と輝子は遠距離恋愛をそれなりに楽しんでいたのだが、輝子が両親に「健治さんと結婚したい」と切り出したところ、両親から「考え直せ」と言われた。特に頑強に反対したのは母親である。彼女の理由はひとつだった。

「うちの娘を、熊が出るようなところへ嫁がせるのは絶対にいや」

輝子の両親は健治の仕事や人柄に不安を抱いたのではなく、嫁ぐ先が北海道というところに難色を示したのだった。むろん距離的に遠いこともある。だが、当時の東京の人間にとっての帯広は野生の熊やシカが棲息《せいそく》する地であり、いつ襲われるかわからない危険な場所という認識もあったのである。

母親の頭にあった北海道のイメージとは、あるいは当時起きた事件から来たものだったかもしれない。

一九七〇年、北海道日高郡静内町（当時）の日高山脈で縦走していた福岡大学のワンダーフォーゲル部の部員がメスのヒグマに襲われた。ヒグマは三人を襲い、死亡させる。当時の新聞は大きく報道し、読者はヒグマの凶暴さに恐れをなした。

帯広市内から日高山脈の日勝峠《にっしょう》まで直線距離でも四〇キロ近くある。ヒグマが四〇キロをものともせず、襲いかかってくれば別だけれど、通常、帯広市内に出現することはない。しかし、輝子の母親の脳裏からは若い学生が熊に襲われ亡くなったニュースが離れなかったのだろう。

だが、健治と輝子は懸命に両親を口説く。その結果、やっと輝子の父親が「そこまでふたりの気持ちが固いのならば」と結婚を許したのだった。

式を挙げたのは一九七四年の三月。ハワイへ新婚旅行に行った後、ふたりは帯広空港に降りたった。

輝子は思い出す。

「帯広の三月はまだ寒かった。空港から市内の家へ向かったのですが、周りを見渡したら畑ばかりでした。麦、小豆、馬鈴薯、にんじん……。とにかく北海道は広いと思いました。休む間もなく、翌日から店に出てお義母《かあ》さんの手伝いをして、何よりもお客さんが多いのに驚きました。一日に二五〇〇人のお客さんが来るんです。

アルバイトをしていた高円寺のモンパルノも流行っていましたけれど、人数は多くても四百人でした。満寿屋の二五〇〇人という数はおそらく一平方メートル当たり日本一の来客人数だったと思います。朝から晩まで立ちっぱなしでくたびれたけれど、帯広の人はほんとにパンが好きなんだなあと……。それに、主人が言ったように、うちのパンはおいしかった。輸入小麦で作っていた時代でしたが、あんパン、クリームパンはほっぺが落ちるくらいの味でした。……きっと空気のせいもあるんじゃないかな。北海道はカラッとしているから小麦粉は乾燥しているし、しかも、私が食べていたのはできたてのパンだった」

帯広に嫁いだ輝子が持参した嫁入り道具はいくつかあったが、健治がもっとも喜んだのは、からしマヨネーズのレシピだった。

輝子は恥ずかしそうに教えてくれた。

「結婚する時、モンパルノの仲間が、お祝いは何がいいかって……。私はからしマヨネーズのレシピが欲しいと自分から言ったんです。モンパルノのサンドウィッチや調理パンに使われていたもので、どんな具材にもマッチする味でした」

嫁入り道具のレシピは現在の満寿屋で、もちろん使われている。しかも門外不出なので、わたしも教えてもらえなかった。しかし、プロの料理人なら、一度食べればわかるのではないか。単にからしとマヨネーズとサラダ油を混ぜただけではないだろう。砂糖かはちみつが隠し味になっているのかもしれない。ぜひ誰かに解明してもらいたい。

さて、ふたりが結婚した当時から二号店ができる一九八七年まで、満寿屋にやってくる客は増える一方だった。近所の客、農家のおやつとしての需要の他、パンを二〇〇個、三〇〇個も買いに来る客がいた。彼らは自分で食べるのではなく、それを車に積んで、広い十勝平野を行商して歩く。パンだけでなく、鮮魚、精肉、乾物なども扱う移動販売の業者だった。

新婚生活

「結婚したばかりの輝子会長はもう可愛《かわい》くて可愛くて、私、いっつも横で働いてたもんね。さすが東京の人は可愛いなって思いました」

山本トシエ、一九三六年生まれの八二歳。満寿屋に入社したのは三三歳の頃だった。

「私の一家は離農したんです。大正村（現帯広市大正町）で畑をしていたけれど、機械化の時代になって、機械を買うお金がなくてね。馬三頭と牛十三頭を飼っていたけれど、それを売り払って、夫と子どもふたりと帯広の街に出てきたんです」

夫は建築現場の手伝いから始めた。トシエは農家だった頃から一年に一度だけ食べていた満寿屋のパンがおいしかったので、働こうと思ったわけではない。単にパンを買うために店に行ったところ、「募集中」という札がかかっていたのである。

「勇気を奮って、奥さんのふみ子さんに、すみません、離農してきたんですって言ったら、ああ、そうなの。働いてくださいねって言われました。面接も何もなかったんです。離農したって言ったら、ああ、そうなのって」

戦後、農地改革で自作農は増えたが、高度成長時代になり、機械化する金を持たない農家は田んぼや畑を売りに出し、工場や店舗に勤めざるを得なかった。トシエの一家もまたそのひとつだったのである。

満寿屋でトシエがやった仕事は「客にお茶を入れること」である。

「とにかく混雑していたからね。私は奥さんに言われて、お茶を入れる役だったんです。そうしたら、初日からてんてこまいで、トシエさん、お会計をお願いいって。うわーっ、どうしようって。頭ん中、真っ白になって。だって、私、農家だったからね。現金を見たこともなかったんで、計算なんかしたことなかったの。お金は舅《しゅうと》が管理していたから、ほとんど触ったことなかった。だから、お釣りの計算ができないのよ。それから、毎日、仕事が終わって、バスに乗って帰る時も頭の中でお釣りの計算してた。いまじゃコンピュータみたいに速く計算できるけどね」

輝子がやってきた頃、従業員は三十人にも増えていて、トシエはレジから、サンドウィッチ係になった。輝子が横にいたから、働いていて楽しかったという。

「朝の八時から午後五時までだったけれど、なんもつらいことなかった。農家の頃は朝の三時から働いて、寝るのは夜の十二時だったからね。水はポンプだったし、舅、姑《しゅうとめ》、小姑の分まで洗濯して……。畑に出たら、馬を使って土を起こして働いて。いくら忙しいって言っても、町の仕事はつらくなかったです」

彼女は続ける。

「給料は毎月、ちゃんともらったし、夏は二十割、冬は三十割のボーナスをもらえた。お店には感謝するばかりです」

わたしはパン屋の生活は大変だと書いたけれど、トシエの話を聞いたら、農家はもっと大変だとわかった。そして、トシエに限らず、機械化される前の日本の農家の生活はトシエが体験したこととほぼ変わらなかったのではないか。

輝子は、母親が心配した熊に出会うことはなかったし、寒さも思ったほどではなかった。冬の戸外は零下二五度近くになったけれど、北海道では一日中、重油ストーブを焚《た》いているから室内は暖かい。

輝子は「帯広よりも、冬の夜は東京の方がはるかに冷える」とつくづく思った。

だが、一年後、輝子はお腹に宿していた子どもを流産したことのショックで床に就く。

「環境の変化もあったんです。私、健康だけが取り柄で嫁に来たのに、病気になって一年間は何もできずに寝ているだけ。お義母さんが運んできた食事を食べて寝るだけでした。申しわけないのと、体調の悪さで、あの時がいちばんつらかった。でも、主人、義父、義母、皆がやさしくしてくれました」

健治は妻の様子を心配しながら父親の健一とともに工場で、パン作りに精を出した。数多くの客に提供するには一日中、パンを焼いていなくてはならない。次々と従業員を増やしたのだが、それでも人手は足りなかった。健治が考えることは品切れを出さずに毎日、パンを作ることだけで、まだ国産小麦でパンを作ろうという考えは浮かんでいなかった。

国産小麦でパンを作りたい

結婚して二年が経った一九七六年、輝子の体調も回復し、長男の雅則が生まれる。翌年には次男の勝彦、その八年後には長女の佳子《よしこ》が生まれる。輝子は雅則が中学生になるまで、販売の仕事をしながらも子育てに追われた。

現社長の杉山雅則は兄弟が小さかった頃をよく覚えている。

「父はパンだけでなく、乗物が好きだったし、機械いじりが好きでした。時計も好きでしたね。けれど、僕が小学生になった頃からでしょうか。夜になると、十勝で醸造された十勝ワインを飲みながら、『オレは十勝の小麦でやるんだ』とそればかり言ってました。酔っ払って、絶対にやるんだと。思えば、あの頃からですよ。十勝産の小麦でパンを作り、売り出す計画を始めたのは……」

杉山が覚えているのは健治の「オレはやるぞ」という姿だ。妻の輝子も「『十勝の小麦でなくてはダメだ』と言うようになったのは結婚して、子どもが生まれてからです」と語る。

では、健治は何がきっかけで国産小麦でパン作りをしようと思ったのか？

妻も息子も実ははっきりとした理由は聞いていない。しかし、親子の間でそうした話はなかなか出てこないだろうし、健治自身も決定的な出来事があって、国産小麦の使用に踏み切ったわけではないとも思える。頭のなかにあった夢のような理想が食パンのように発酵して膨らむまでには時間がかかったとしか言えない。

杉山は腕を組んで、じっと考えてから、「父は……」と理由を推測する。

「父は目の前に小麦畑が広がっているのを子どもの頃からずっと見ていました。なんといっても十勝地方の小麦生産は日本一です。見渡す限り、小麦畑なんです。毎日見ているうちに、これを使ってパンを作りたいと思うようになったんじゃないでしょうか。

ただ、父もパン職人です。国産小麦の九九パーセントは、うどんにするためのもので、パンにはならないとも知っている。目の前の小麦畑がうどん用のものだとも知っている。当時は誰もが外国産の小麦でパンを作っていて、それが当たり前だと思っていました。だから、すごく大変なことだということも着手する前からわかっていたんです」

その頃、健治は小麦を作っている農家の友人に「十勝の小麦でパンを作ってみたい」と言ってみたことがあった。小麦農家、野菜農家の知り合いが大勢いたので、試しに聞いてみたのである。話を切り出したところ、友人は「うーん」と言って、あいまいな表情になった。そして、口を開いた。

「健治、今の日本には、いいパンになる小麦の品種がないんだ。オレたちが作らないのはそのせいなんだ。十勝で小麦が育たないわけじゃない。だが、いまある品種はうどん用だし、パン向け、中華麺向けも品質が安定していない。だから、やらないんだ」

ここで説明が必要だと思われるのは「中華麺向け」という言葉である。パン、中華麺は強力粉から作る。だから、パン用小麦があれば中華麺もできる。ただ、当時も今も中華麺向けはパンと同様、輸入小麦が大半である。

知人の小麦生産農家にも、健治の夢をかなえてやりたい気持ちはあった。しかし、事実、「これは」というパン用の品種はまだ生まれていなかったのである。そして、彼らにとって小麦は畑で輪作（同じ耕地で次々に異なる種類の作物を作ること）する場合の作物のひとつだった。

おいしいパンになる国産小麦にチャレンジしたい意欲はあっても、品種はないから手も足も出なかったのである。

しかし、健治は思い込んだら、突っ込んでいくタイプだった。

「国産小麦でおいしいパンを作る」

それからは一直線だった。彼の関心は店を増やして儲けようでもなく、パンを使ったレストランを作ろうでもなかった。他のパン屋の経営者が考えるような月並みな拡大策は取らなかった。

「日本のため、十勝のため、買ってくれるお客さんのために国産小麦のパンを作ってみせる」

そのためには財産を投げ出してもいいとさえ思った。

当時、満寿屋は繁盛していて、二号店を出すための資金も貯まりつつあった。しかし、健治はその金を国産小麦を育てるためにすべて使ってしまうのだった。

第4章

ハルユタカ

小麦とは何か

小麦は世界最大の生産量を誇る農作物だ。世界では米よりも小麦を常食している人間が多いからである。

世界の小麦生産量はおよそ六億七八九〇万トン（二〇一一年）。一方、同じ年のコメの生産量は四億六六九〇万トン。小麦の生産量が多いのはEU、中国、ロシア、インド、アメリカ、オーストラリア。小麦は湿度が少なく冷涼な国で栽培されるものだけれど、意外にインドが多く生産している。インドの高地、そして、インド北部は熱砂の国ではないということだ。生産国では輸出に回る量も多い。一方、輸入量が多い国はエジプト、ブラジル、インドネシア、アルジェリア、日本、韓国、イラク……。

小麦の種類については三つの分け方がある。

まずは種子をまく季節によって分ける。普通は春まき小麦と秋まき小麦のふたつに分ける。初冬まきというのもあるが、春まきを雪が降る前に畑にまいたものと言える。春まきは北海道の場合、四月にまいて、お盆前の八月上旬に刈り取る。秋まきは九月にまいて、冬眠させた後、七月末から八月に収穫する。本来、小麦は秋にまいて冬の間、眠るものだったけれど、ヨーロッパ北部では寒すぎて発芽しない。そこで春まき品種が生まれた。

次に小麦は粒の色によって赤小麦と白小麦に分けることができる。

三番目は粒の硬さだ。硬質小麦、中間質小麦、軟質小麦となる。

硬質小麦はたんぱく質を多く含み、強力粉にする。パン、中華麺の原料だ。中間質小麦はたんぱく質の含有量が硬質小麦よりも少ない。中力粉になり、うどんの原料となる。軟質小麦はたんぱく質の含有量が少なく、薄力粉にする。菓子、天ぷらに使う。

硬質小麦の一種にデュラム小麦があり、スパゲティ、マカロニにする。「デュラム・セモリナ」という言葉を聞くが、セモリナとは「粗挽《あらび》きにした」という意味である。そのセモリナに関して、現在、製粉工場で使われているローラーミルが開発されたのは一九世紀になってからだ。ローラーミルとは言葉通り、ふたつのローラーが小麦の粒をはさんでつぶす機械のこと。ローラーの形を変え、圧力を変え、何度もつぶしているうちに細かい粉になる。ローラーミルが一般化するまでの製粉とは石臼であり、風車、水車で挽くものだった。思うに、細かい粉にすることができにくかった頃は、ほとんどの粉は自然に「セモリナ（粗挽き）」になってしまったのではないか。粗挽きが当たり前だったから、それでパスタを作り、現在に至ると考えるのが自然だと思うのだが、どうだろう。

さて、現在、日本で消費されている小麦の量は約五七一万トン（二〇一五年）。一方、コメの年間消費量は約七九六万トン（二〇一四年）。戦後すぐの頃までは圧倒的にコメの消費量が多かったのだから、小麦は健闘していると言える。うどん、そうめんだけでなく、パン、中華麺、パスタを食べる機会が増えてきたからだと思う。

消費される小麦のうち、外国産のそれは約四九〇万トン。国内産小麦の生産量は約八〇万トンだ。うち五五万トンは北海道で作ったものだ。国内産小麦の八二パーセントはうどん、菓子などになる中力粉、薄力粉用の小麦であり、パン、中華麺、その他になるのは十八パーセント。しかもパン用を作っているのはほぼ北海道だけだ。国内産小麦を使ったパンが少ないのは現在でもなお生産量が決して多くはないからだろう。

また、国内産、輸入物に限らず、パンでもうどんでも菓子でもなく、用途で「その他」とされているものがある。いったい、「その他」とは何なのか。

天ぷら、から揚げ、竜田揚げに使われる小麦粉、そして、お好み焼き、タコ焼きに使われる小麦粉が「その他」のなかでも量が多いものだろう。加えて、とんかつ、フライのパン粉をつけるつなぎに使用されるのも小麦粉だ。次いで、「麩《ふ》」もまた小麦から作られる食品である。強力粉と水をこねた生地をしばらく寝かせてから水を注ぎ、でんぷんを洗い流すとチューインガムみたいな粘り気の強い物質が残る。それがグルテンだ。強力粉はグルテンを多く含む。そのため生地が発酵した後、炭酸ガスの気泡を閉じ込める膜ができる。パンがふっくらと膨らむのはグルテンがあるからで、そのグルテンにふたたび小麦粉を加えてこね、成型して焼いたものが麩（焼き麩）である。いまはあまり食べないかもしれないけれど、わたしが子どもの頃は味噌汁の具、煮物の一品と麩は大活躍した。

そして小麦粉はベニヤ板の製造にも使われている。合板を接着する際の接着剤の一部に小麦粉が利用されているのである。

東京ドーム二三個分の畑

小麦に関する本を読み、数字や資料を把握した後、わたしは十勝の小麦生産農家を訪ねた。帯広市の隣町、音更町で農家をやっている津島朗《あきら》の自宅と農地である。

音更町の耕地面積は二万四三〇〇ヘクタール。全国の町村で五番目に広い耕地面積を持つ。広さは甲子園球場の面積の六三一二個分。要するに、見渡す限り畑、畑である。産物は小麦、豆類、甜菜、飼料作物、馬鈴薯、その他の野菜。なかでも小麦の生産量は町村単位では日本一。ただし、ほとんどはうどん用で、津島のようにパン用小麦を栽培しているところは数軒だ。

「うちだけで東京ドーム二三個分の畑を持っています」

会ってすぐに津島は言った。

「では、何人で耕しているのですか？」

これまた即答である。

「私、妻、独身の娘。三人です。娘は三一歳です」

お嬢さんは美女らしい。会ってないからわからないけれど、津島の話の端々から、美女のような気配が伝わってきた。それはそれとして、たった三人で東京ドーム二三個分の畑を維持、管理できるものなのだろうか。

「三人とも農業機械を運転できますし、収穫の時は近所の人間が手伝いに来る。それでやっていけるんですよ。でも、小麦の収穫の時だけは徹夜になるかな」

津島の家に大きな倉庫があり、そこには大型コンバイン、トラクターがあった。

大型コンバインは一台、三五〇〇万円。小麦を生産している農家十三軒で四台を買い、収穫の時にはいっせいに使う。日本製ではない。マッセイ・ファーガソンというもともと欧米諸国を拠点とする会社の機械だ。

「日本のコンバインも悪くはないけれど、海外の農業機械の方が頑丈にできてるから、いいんです」

津島が育てている小麦はうどん用の秋まき小麦とパン用の春まき小麦である。

「うどん用の小麦の方が収量が多いし、栽培も安心なんです。農家経営という点から見て、所得の安定にはどうしても、うどん用をやらざるを得ない。パン用ははっきり言うと、満寿屋さんのためです。満寿屋さんは、お父さんの代から国産小麦でパンを作るんだ、と熱心でした。うちはそのために始めました」

小麦の耕作は秋まきを例にとると、次のようになる。日本だけでなく、北半球ではほぼ同じだ。

九月下旬に畑に種をまく。トラクターで溝を切り、種と肥料を溝のなかにバラまいていく。米のように間隔を空けて苗を植えるのではなく、種をそのまま、密植する。発芽率は九十数パーセント。小麦の種は生命力を持っている。十月末までは肥料をやり、除草剤をまいて、雑草の生育を抑える。

「除草剤は小麦と小麦の間の地面にまきます。ある程度、小麦が生長したら、日陰ができるので雑草は育ちません」

さて、除草剤は小麦に影響を与えないのかという問題が出てくる。実際にはほとんど影響はない。影響があると小麦は枯れてしまう。だから、除草剤は麦にはかけず、雑草が伸びないように地面と雑草の葉にかける。ポストハーベストのように輸送中の船のなかで、粒に直接ふりまくのと、小麦の横に生えた雑草に除草剤をかけるのは、まったく別の行為と言える。それに、慣行農法で東京ドーム二三個分の農地の雑草を手で取るというのは現実には不可能だ。だから生産農家は最小限の除草剤を使う。繰り返すけれど、麦には、かけない。

十一月になると北海道には雪が降る。高さ数センチになった状態の小麦は四月まで雪の下で眠る。雪が降って、積もったら、作業は休みである。

春になってすぐにやることは雪を融《と》かすこと。ブロードキャスターという機械でカーボンと炭酸カルシウムを雪の上にまいていく。カーボンとは、すすだ。黒いから太陽光が集まり、温度が上がって雪が融ける。炭酸カルシウムはpH調整剤で土壌をアルカリ質にする。

初夏から収穫の七月までは畑の様子を見て、除草剤をまいたり、肥料を与える。

また、津島の場合、春まき小麦もやっているので、雪が融けたら、今度は違う畑で春まき小麦の種をまく。北国の春は忙しい。

七月は秋まき小麦の収穫だ。小麦を生産する農家が力を合わせて、コンバインで刈り取り、脱穀し、粒のまま大型トラックの荷台に乗せる。小麦は農協に運ばれ、サブ乾燥して水分を落とし、同時に粒をより分け、夾雑物《きょうざつぶつ》を取り除く。その過程を終えてから製粉会社へ持っていく。製粉会社は粉にして、売り先へ。

生産農家は、秋まき小麦の収穫が終わって小休止したら、翌年のために秋まき小麦の播種《はしゅ》を行い、そして春まき小麦を収穫する。春まき小麦は生育期間が短いため、単位面積当たりの収穫量は少ない。春まきは病気に弱いこともあり、生産量は国産小麦全体の一割に満たない。ただ、パンに向く品種が多いので、満寿屋のためにはやめられない。

現在、津島が作っている小麦は秋まきのゆめちから（パン用）、きたほなみ（うどん用）、そして、春まきの、春よ恋（パン用）の三種類である。

ここで小麦の生産について、重要な点を書いておく。農作業などやったこともないわたしたちはいったん小麦を畑に植えたら、毎年、同じところに小麦の種をまくものと思い込んでいる。しかし、穀類、豆類、野菜を畑作する場合、同じ種類のものを毎年、同じ場所に植えることはない。次々に作物を変え、育成、収穫する輪作を行うことになっている。

津島はこう説明する。

「同じところで、同じものを植えると連作障害が起きます。連作すると病原菌や有害な線虫が増え、あるいは土壌の養分が少なくなって作物が育たない。水田の稲作は連作しますが、あれは田んぼに水を張るからです。土壌を洗ったり、あるいは水没させて線虫や菌を殺してしまう。水田というのは大きな発明で、ほぼ同じ場所で永遠に米を作ることができる」

津島は小麦を含め、大豆、小豆、金時豆、スイートコーン、甜菜、にんじん、馬鈴薯と八種類を作っている。Aという畑の区画で小麦を植えたら、翌年はにんじんを植える。翌々年はまた違う作物にする。この場合、前作と後作で相性の良くない作物もあるから、それもまた考えなくてはならない。たとえば、スイートコーンの後作にきゅうりはいいけれど、大根はダメといった規則性がある。また、一年あけたら、また小麦を栽培することができるわけではない。小麦は五年に一度、大豆、小豆は十年に一度と耕作の間隔をあけなくてはならない。

津島はパソコンで区画の作付け管理をしているけれど、以前は自分の畑を載せた地図に「Aは今年、にんじんにしよう、来年はスイートコーンだ、再来年は……」などと耕作計画を書き入れていた。それでもある年、にんじんが不作だったら、輪作計画を立て直さなくてはならない。ひとつの区画の不作はほかの作物の区画に影響する。

農業とは天気を見て、鼻歌をうたいながら雑草を抜いたり、肥料をやったりするのんきな作業ではない。

「どの畑に何を植えるか」「いつ植えるか」「その次にはどんな作物にするのか」こうしたことを長期的に計画して、実行していく緻密な仕事である。

日本の小麦の特徴

津島は自らの畑を耕作するかたわら、主に冬季だけれど、指導農業士として海外に農業指導に行っている。現地ではいくつもの畑作を見学するのだが、たとえば、オーストラリアでは小麦栽培を見た。

「南半球ですから種をまく時期は反対です。あそこの一番の特徴は雨が少ないこと。

極端な話、雑草も生えない。何より、収穫した後の小麦を乾燥させなくていいからコストがかからず、競争力が出てくる。

また、いまオーストラリアから小麦を買っているのは日本だけではありません。中国がものすごい量を買っている。日本人は小麦の質にうるさかったから、きっちり検品しますが、中国向けの小麦はそこまで神経質には検品されていない。ですから、小麦の質はどんどん悪くなっている。

現在、日本における小麦の価格ですが、輸入小麦が8としたら国産小麦は10くらい。政府が補塡しているわけですから、それほどは変わらない。質も国産小麦は追いついてきました。昔は輸入小麦の方がはるかに質が高かったんです。ところが、新品種が出て、生産量が上がってくるにつれて、国産の小麦の質は良くなってきた。

そうそう、ひとつだけ強調しておきたいことがあります。世界中、どこの国でも小麦粉というのはミックスなんです。単一品種を商品にしていない。ところが、日本は『きたほなみ』とか『春よ恋』といった単一品種で勝負しているものもある。それは日本だけです」

彼が農業指導をしに行くのはオーストラリアだけではない。ベトナムには米作りを教えに行く。教えに行くのだが、教わることも多い。

「日本の気候と作物について考える、いい機会になります。ベトナムで米を作っているのを見ていると、二期作、三期作です。片方の水田で収穫していて、片方では米をまいている。刈り取っている稲を見ると、これがもう青々としているんですよ。水田の水を抜いても、枯れない。一年中、暖かいから緑のまま。品種はすべて長粒米です。食べたらパサパサで甘みはない。考えてみたら、熱帯の野菜、果物って甘くないものが多いんですよ。ドラゴンフルーツでもなんでも酸っぱいばかりでしょう。

一方、日本の作物ってなんでもリッチなんですよ。米でも麦でも甘みがある。日本は雨が降る。寒暖の差が激しい。そういう気候だから農産物はすべて甘みが出る。雑草を抜いたり、乾燥機にかけたりとコストはかかるけれど、おいしいものができます。

穂発芽《ほはつが》ってあるでしょう。あれは小麦の収穫期に雨に当たって起きることです。小麦の粒は雨が降ると次の子孫を残すために発芽しようとする。発芽にはエネルギーがいるから消耗して品質が悪くなる。日本の農作物にはそういうリスクもある。それでも気候のおかげですよ。四季があって寒暖の差があるからおいしくなるんです」

なるほどと思いながら、聞いていて、「では、パン用小麦は作るのが大変ですか?」とも訊ねてみた。

彼は答えた。

「うん、機械でやれるから作るのはそう大変でもないけれど、買ってくれるところはまだ少ないんですよ。この辺の小麦農家は満寿屋さんが買ってくれるから植えてるんです。国産小麦を継続的に使うパン屋さんが増えないと、畑も広がらないでしょうね。私が小麦を植える楽しみはパンに自分の名前が付くことかな。以前に満寿屋さんで『津島さんの畑で取れた小麦粉のパン』と書いてあったとき、ぜーんぶ買い占めたことあります」

二号店の場所

話は戻る。

満寿屋の杉山健治が健一の跡を継いで、二代目の社長になったのは一九八二年のことだった。跡を継いだと言っても、やっていることは変わらない。ふたりとも朝早く起きて、パンを焼く。日常は一緒だ。この時期、健治はまだ国産小麦には挑んでいない。十勝の小麦でパンを作りたいとは思っていたものの、二号店のオープンのためにやらなくてはならないことばかりで、頭のなかはいっぱいだった。二号店を作る計画はかなり前から決めていて、銀行に相談したり、建築会社と交渉を繰り返したりしていた。一方、満寿屋の本店は連日、大入りが続いていた。ただ、あまりに客が多いと、店内で好みのパンも選びにくいし、レジに並ぶ人の列を見て、あきらめて帰ってしまう客も出てくる。商品を大量に作るだけでは増え続ける客に対応できなくなっていた。健一、健治ともに二号店の必要性はよくわかっていたのである。

健治は二号店を出すならば郊外にしようと思っていた。本店は繁華街の真ん中だったから、二号店は広い敷地を持つ郊外店にする。そうすればパン工場も併設できる。そこで、元は農地だった物件に目を付けた。交渉を始めたものの、地権者は当初、首を縦に振らなかった。満寿屋のことはよく知っていたけれど、農家が先祖代々の土地を譲り渡すにはそれなりの覚悟が必要だったのである。結局、二号店の「ボヌールマスヤ」は八七年にオープンする。だが、それまでにはさまざまな紆余《うよ》曲折があった。

訪ねてきた男

八五年、満寿屋に健治を訪ねてきた男がいた。西脇信治。札幌の隣、江別《えべつ》市の江別製粉で営業を担当している男だ。

西脇は思い出す。

「本来、うちの会社は乾麺、中華麺、冷や麦などの麺用の小麦粉を売っていたんです。パン用の小麦粉はそれほどやっていなかった。ただ、帯広に出張に行ったら、一度は満寿屋さんをのぞいてみよう、と。その頃から北海道ではパンの繁盛店として知られていましたから。それで、初めて店に入ってパンを見た時、思いました。見栄えの悪いパンだな、と。ホテルパンの系列は膨らむ場合、上に向かって膨らんでいく。立体的になるんですけれど、満寿屋さんのクリームパンやあんパンは平べったくて、そして、デカいんです。しかし、口に入れたら、しっとりとしていて甘くてね。すぐにこの店と取引したいと思いました」

西脇は「社長さんいますか」と健治を呼んでもらい、話をした。というよりも、率直に小麦粉のセールスをした。

「社長、うちの粉を使ってくださいよ」

四十歳だった西脇は「オレと同年配だな」と察したから、なれなれしいとは思ったけれど、友人に話す口調で粉を売りこんだ。国産の小麦粉ではない。海外産の強力粉だった。

健治は西脇のセールストークに対してはうんともすんとも言わず、目の前のあんパンを取って、「どう」と勧めた。

西脇が食べてみたら、パンもさることながら、あんこがしっとりしていてまるで和菓子屋さんのそれのようだった。その通りのことを健治に言ったら、「そうなんだ」とにっこり笑った。

「これ、十勝産の小豆を手よりしてるんですよ。そしてあんこはうちで作っている。包むのも手作業でね。よそはみんな機械で包んでいるけれど、うちは手作業にこだわっているんだ。その方が生地を薄くできる。でもね、ほんとは、あんパンの小麦粉も十勝産にしたいからね。でも、この辺ではうどん用しか作っていないんだ」

西脇は「ああ、そうです」とうなずく。

「社長、どこでも北海道の小麦はうどんや乾麺のモノばかりですよ」

健治はため息をついた。

「そうなんだよ、なあ」

「で、社長、うちの粉はどうでしょうか」

「ああ、粉ね。うちはずっと昔から同じ製粉会社なんだ。悪いね」

その日はそれでおしまい。だが、西脇は粘り強い営業マンだから、帯広に出張するたびに満寿屋を訪ね、ダメかなと思ったけれど、健治に面会し、セールストークは欠かさなかった。

一九八七年、満寿屋は二号店ボヌールマスヤを帯広市西十七条南三丁目にオープンする。ちなみにボヌールはフランス語で幸運、幸福を意味する。工場を併設した店舗で、施工は竹中工務店。竹中工務店が町のパン屋の建物を設計施工したのは北海道では初めてのことで、健治はそれが自慢だった。オープン後、江別製粉の西脇はさっそく駆けつけた。その時に貴重な土産を持っていったのである。

「社長、おめでとうございます。立派な店ですね」

「ああ、西脇さん、ありがとうね。施工は竹中工務店なんだよ」

「社長、そうですか。やっぱり仕上がりが違います。お店が輝いています。社長、ところでこれを味見してください。新しく出た国産の品種です」

西脇が手渡したのはハルユタカという新品種の小麦の粉だった。瞬間、健治の目がきらっと輝いた。西脇は「きらっ」をいまも忘れていない。

健治は叫ぶように言った。

「ありがとう。西脇さん。これだよ。そうか。どこで作ってるの？」

「いまは江別、石狩、空知《そらち》、上川の農家ですけれど、始まったばかりですよ。量は大したことないんです」

「西脇さん、江別で作れるのなら十勝でもやれるね。もっと欲しい。パンを作ってみるから。ああ、そうだ、これからうちでパンにする粉はお宅から買うから。よろしくね」

ボヌールマスヤができた時から西脇の江別製粉と満寿屋の取引が始まった。二年間、営業努力を積み重ねた西脇の力ではあるけれど、ハルユタカという当時の新品種を持ってきたことに対するお礼の意味もあった。

健治が国産小麦でパンを作ろうと思った理由はいくつもある。筆頭は地元に対する愛情だ。自然はあるけれど、文化がない土地と思われていたその頃の北海道が他に先駆けて国産小麦のパンを作る。パンが話題になって北海道にやってくる人間が増える。北海道と地元の人間にとって意義があるから、国産小麦のために私財を投げうつことにしたのである。

ハルユタカ

ハルユタカは一九八五年に北見農業試験場が育成した春まき小麦だ。むろん、それまでにもホロシリやチホク（秋まき）、ハルヒカリ（春まき）などのパン用国産小麦はあった。しかし、品質が良くなかったので輸入小麦の増量材として使われていたにすぎない。

なぜ、品質が良くなかったのかという問いには「そもそも国産のパン用小麦は最初からおいしくしようと思って作ったものではなかったから」と答えることができる。ハルユタカのような本格的なパン用小麦が開発されるまで、小麦は本州では稲の裏作であり、北海道でも、数ある輪作作物のひとつとしか考えられていなかった。生産者にとって力を入れるべき農作物は一にも二にも米であり、小麦に命を懸けようと思う農家はなかったと言っていい。

だが、食料自給率を少しでも上げたい国の思惑と消費者の安全な国産品を求める志向が同期して国産小麦の開発が進められるようになった。そこで登場したのがハルユタカだったのである。

十三年間の育種を経て奨励品種となったハルユタカだが、当初から華々しい成功を収めたわけではなかった。従来の品種よりも、収量が上がり、かつ品質も良くなったはずだったのだが、実際に栽培してみると、思ったよりも収量が上がらなかったし、品質にばらつきが出た。量が増えなかった理由は、栽培を始めた頃のハルユタカは赤かび病に弱く、穂発芽しやすいところがあったからだ。また、中華麺を作るために、かん水を添加したら、麺が暗緑色になったこともあった。しかし、少しずつ改良を重ね、栽培方法も変え、春まき小麦から初冬まき小麦に変えることで、ハルユタカは完成した。

健治はそんな手のかかるハルユタカを使い、まずはパンを試作して、レシピを追求することにした。

食パン、菓子パン、ロールパンを作るのだが、何度も水分量、発酵時間などの条件を変えて焼かなくてはならない。輸入小麦の使用が前提のレシピは通用しないから、やり直しが続いた。

生地を作る。そして、焼く。できあがったら自分が食べ、その後、みんなで試食する。それがレシピ作りだ。健治は西脇が持ってきた粉が続く限り、毎日、ハルユタカを使ってパンを焼いた。何度目かの試作では店で販売してもいいくらいのパンが仕上がった。しかし、その時と同じレシピでパンを作っても毎回は膨らまない……。

パン教室の主宰者で国産小麦パン作りの先駆者、矢野さき子が、一九九〇年に出した著書に国産小麦を使う難しさについて、次のように書いている。

「悪戦苦闘の日々がまた始まりました。(略)水の分量は。発酵時間は。焼き時間は。適当なマニュアルもテキストもなく、(略)ほとんど手探りに近い状態でした。まったくふくれないガチガチのパン、酸っぱいパン――パン粉にする気にもなれないでき損ないは、みんなゴミ箱に直行しました。

菓子パンや蒸しパンなら間違いなく満足なパンができるのに、メインである食パンだけがどうしてもうまくいかないのです。やっぱり『常識』通りなのだろうか？壁にぶつかるたびに自分の勉強不足を思い、気を取り直して闘志を燃やしました。試行錯誤のうちに十年余りが過ぎてしまいました」(『天然酵母で国産小麦パン』農文協)

文中にある「常識」とは「国産小麦でパンはできない」というものだ。常識があるくらい、パン業界では国産小麦はダメとされていたのである。

それでも健治はあきらめなかった。西脇に何度もハルユタカの粉を注文し、毎日のようにパンを焼いた。

ある時はおいしいパンが焼けた。できあがりをちぎって食べる。香りはいい。甘い味がして、食感はもちもちしていた。輸入パンがさっくりした食感なのに比べて、ねっとりした味だったのである。

そして、また翌日、試作する。今度は悪くはなかったけれど、やはり膨らみが足りず、市販はできないと思った。その翌日も翌々日もパンを焼く。一定の分量、一定の発酵時間で焼いても、できあがりが違う。もちろん、パンの出来はその日その日の温度や湿度で多少は変わってくるのだが、ある範囲内には収まりきれないのである。

「ダメだ」

それ以上は何度やっても同じことだと思った。とにかく品質が安定しない。解決法のひとつに、輸入小麦を混ぜるという手はある。品質が安定している小麦とたとえば半々の割合で使えば、日々、同じものができるからだ。それは健治もよくわかっていた。しかし、わかっていたからと言って、「はい、そうですか」とやる男ではない。そういう男なら最初から国産小麦でパンを作ろうとは思わないからだ。

健治は考えを変えた。

「ハルユタカを十勝で作ってもらおう。品質が安定するくらい、多くの量を作ればいい」

彼が選んだ道は解決策のなかではもっとも困難でかつ時間と手間がかかるものだった。

輝子は健治がそんな決断をしたことは知らない。毎日、新店舗のレジに立ち、三人の子どもを育てていた。

「お父さんは最近、生き生きしている」

それはきっと国産小麦で作るパンの研究がうまくいっているせいだろうと単純に考えていた。しかし、健治は目の前に立ちはだかる困難の大きさになぜかひとりで興奮していたのである。

第5章

アタマを貸してくれ

ペーパーポット栽培

ハルユタカの品質を安定させるためには一軒でも多くの農家に栽培してもらわなければならない。

「十勝には小麦農家がいくつもあるから、何とかなる」

健治はそう考えて、知人に紹介された近郊の農家を訪ねてみた。だが、いずれも困った顔をして、あいまいにうなずくだけだった。「やる」と言ってくれた人間はいない。何軒、訪ねても結果は同じだった。

手を尽くして探した結果、やっと手を挙げてくれたのは伊藤弦輝、泉吉広、吉紀兄弟の三軒の農家だった。広い十勝で「新しい小麦を植えよう」と言ってくれたのは、たった三人しかいなかったのである。伊藤と泉兄弟が「やる」と言ってくれたのは従来の農業経営者とは違い、有機農法だけをやる実践者だったからだ。土づくりを大切にして、困難なことに挑戦することが生きがいという、健治に似たところのある男たちである。

当時、兄の吉広は健治にこう語っている。

「地力がある土でできた野菜はおいしいし、強い。虫や病原菌が付かない。弱い土からできたものはやはり弱いから虫や病原菌にやられる。そうすると、また農薬をまかなければならなくなる」

三人が健治、江別製粉の西脇と相談して取り入れたのはペーパーポット栽培と呼ばれる方式だった。春まきのハルユタカは四月には播種しなければならない。しかし、四月の帯広は気温が低く雪は残っているし、土も凍っているところがある。そこで、紙製のポット（紙筒）で育てた苗を畑に植えていくことにした。この方法は十勝だけでなく、江別、石狩など他の産地でも試したものだった。泉兄弟はポットに入れる土や畑の土にサンゴの砂をすき込んだ。サンゴの微小な気泡の穴に微生物が繁殖するので土壌の改良になるからだ。

問題はとにかく手間がかかることだ。通常の小麦栽培は畑に種と肥料をまけばそれで済む。ところがペーパーポット栽培はポットを買う金が要るし、苗を育てる苦労もある。そして、畑に移植するのも大変だ。そこまでの手間をかけて育てたとしても新品種ハルユタカの買い付け価格は最低ランクだった。

国内産小麦は二〇〇六年産までは政府が買い入れることになっていたので、買い付け価格はランクによって決まっていたのである。飼料用の小麦と同じような価格だったから、生産者としては従来からあるうどん用の秋まき小麦を作っていた方が金になるし、しかも、楽だった。

ともあれ、こうして十勝のハルユタカは第一回目の収穫を迎えた。収量も当初の予想よりも多く、実も詰まった立派な小麦だった。

健治、伊藤、泉兄弟は手を叩《たた》いて喜んだ。健治は三人の献身に報いるため、すぐにハルユタカの生産農家を増やすための活動を始めた。農家でもないのに、「ハルユタカのペーパーポット栽培」という講習会を開き、地元の農家を啓蒙《けいもう》しようと張り切った。

「みなさん、国産小麦のハルユタカは一度目から収量が上がりました。取れた分はうちで必ずパンにします。ですからどんどん生産してください。地元で取れたものを食べるのがいちばん健康にいいんです」

講習会では毎回、声をからしてハルユタカがいかに良質な小麦なのかを訴えた。また、実った畑の写真を撮り、それを使って地元紙「十勝毎日新聞」に自費で広告を打ったこともある。パンを焼きながらも、ハルユタカの生産を増やすことに残りの時間を捧《ささ》げたのだった。そうしないとパンのレシピが完成しない。健治は「品質を落とさずに生産量を増やす」ことを訴え続けた。

不調と不運

ボヌールマスヤが開店した翌年だった。健治はいつものように朝から本店でパンを焼いていた。一度、一階の店舗に下りて、また事務所まで階段を駆け上がっている途中、めまいがして、その場に倒れ込んだのである。脂汗が流れて、気分が悪い。近所のクリニックに駆け込んで、診断を受けたが、「うちでは検査ができないから」と市内の病院に搬送された。帯広市内の帯広第一病院で調べたところ、胃の三か所に大きな潰瘍ができていて、そこから出血し、健治は貧血を起こしていたのだった。その日のうちに入院して、輸血を行う。健康な人の半分しか血液がなかったので、輸血が終わるまでは手術することもできなかった。

第一病院の担当医師は健治が眠っている間に健一と輝子を呼んで伝えた。

「実は胃がんでした。このままではあと二か月も持たないかもしれません。手術をしても転移があればどうなるかわかりません。しかし、私は手術して患部を除去することを勧めます」

健一も輝子も無言でうなずくしかなかった。医師は続けた。

「胃がんだという事実は、お宅のご主人には伏せておいてください。絶望する患者さんもいらっしゃいます。胃潰瘍だったと言ってください、いいですね」

健一と輝子が手術を決断してからも、健治が手術を受けるまでには一週間、必要だった。手術は東北大学から執刀医を招いて行われた。

輝子はこう思い出す。

「幸い、手術は成功でした。でも、胃のすべてとすい臓の半分を摘出したのです。私は毎日、二歳の娘の手を引いて、面会に行きましたけれど、主人の前ではなるべく笑うようにしていました。けれど、店に戻って机の前にいると、自然と涙と鼻水が出てきて止まらないんです。主人の身体、満寿屋の将来を思うと眠れない日が続きました」

一方、健治は「自分は胃がんではないか」と、うすうす感づいていた。その証拠に彼はこんなことを言い残している。

「胃潰瘍だと言われていても、なんとなく雰囲気で、これは違うなとわかるんですよ。だって家内は毎日、やってきて、下の娘を僕に見せる。先の短い父親の顔を覚えさせてやろうという心遣いというか愛情なのか……。そう思いました」

手術は成功し、入院は二か月で済んだ。健治は仕事に復帰する。本店やボヌールマスヤの仕事もしたけれど、がんになる前よりも、一層、国産小麦の増産、地元の産品を使ったパンの製造に時間を費やすようになった。

　ある雑誌のインタビューに彼は次のように答えている。

「国産小麦のハルユタカのことで一日中、動き始めたのは自分ががんになって生還してからですね。

　なんでがんになったんだろうと考えると、農薬や添加物がまずあった、それからです。少しでもがんに関係ある食品は作りたくないと思った。それに、家の前が産婦人科と小児科の病院でね。毎年、アトピーになる子が増えていくのがわかるんですよ。自分は食品を商売にしているのだから自信をもって安全と言えるものを作りたかった。ハルユタカは農薬が残留しない小麦なんです。そういう特性を持っているんです。ですから、これだ、と」

　健治の情熱は小麦作りに向かう。自費でトラクターを購入し、それを農家に提供する代わりにハルユタカを植えてもらった。収穫した小麦でさっそくパンを焼き、それを持って上京、食糧庁（当時）を訪ねて、担当官に「全国のパン屋にこの麦を使うよう広めてほしい」とも陳情した。自分の店だけでは使う量が限られてしまうので、国産のパン用小麦を振興する役目を買って出たのである。

八九年の十二月二五日、栽培を始めてから二年後、健治はハルユタカ百パーセントで作ったバターロールを初めてボヌール店で売り出した。隣には輸入の小麦粉で作ったバターロールを並べ、同じ値段にした。

「道産小麦百パーセント使用」とプライスカードに書き入れたにもかかわらず、入ってきた客は見向きもしないで、従来から置いてあった輸入小麦のパンを買って帰った。

それでも健治はめげない。悔しさ、不運があればあるほど燃える。それが彼の性格であった。国産小麦の生産を増やす仕事にのめり込んでいったが、そのために費用はかさむ一方だった。トラクターの購入代金から広告費、上京するための交通宿泊費を含めればすべて合わせて一千万円はくだらなかった。いくら満寿屋が繁盛しているとはいっても、一個百円、二百円の商品を売って暮らしているのだから、トラクターの代金などは重荷になるのである。

満寿屋は会社組織になっていた。健一、健治、輝子はわずかな役員報酬は受け取っていた。しかし、賞与をひねりだす余裕はなかったから、三人の子どもを育て、家計を預かる輝子はやりくりに苦労をしたのだった。そのうえ、レジで働き、経理担当としてはボヌールマスヤの建築費として借り入れた一億円の返済計画も立てなくてはならない。満寿屋の商品が売れなかったら、一家はたちまち困窮する。健治は覚悟を決めていた。がんの再発を恐れていて、健康なうちになんとしてでも地元の十勝に国産小麦の畑を増やしたかった。

それにはもうひとつの理由があった。ハルユタカは初年度こそ、うまく実ったが、二年目以降はなぜか大きく育つことなく、収穫の時期になっても、粒が小さく、収量が上がらなかったのである。三年目以降もペーパーポット栽培を続けた。しかし、初年度よりもいい小麦にはならなかった。そして、なぜ、育たないのか、その原因もまた健治たちにはまったくわからなかったのである。

伊藤と泉兄弟は畑に出て仕事をするしかない。健治もまた三人を応援するしかなかった。いくら「生産農家に加わりませんか」と宣伝しても、応募してくる農家は増えなかった。それでも健治はあきらめない。痩せた身体に鞭《むち》打って生産者に対する講習会を続けた。胃のすべてとすい臓の半分を取っていたから、身体は疲れやすく、休養が必要だったのだが、輝子がいくら「休んで」と泣いて訴えかけても、「オレの身体はオレがよく知っている」とヒーローのように呟いては出かけていった。

健治はこう言っている。

「ひとりでは何もできないんですよ、僕は。人に相談して『ちょっとアタマ貸してくれや』でやってきました。不安なんですよ、がんの転移がね。あと一年、もう一年、できるだけのことはしようと突っ走ってきた。大手術から四年、あと一年で五年、それまで転移がなければ一応健康体です。生死の境を乗り切ると、なんのために生きてるかをはっきりさせたくなるんだ。生きがいに忠実になること。それががん細胞をよみがえらせない精神的な力になると思うんだ」

一九九二年五月だった。体調を崩した健治は帯広第一病院にふたたび緊急入院した。

検査をしてみると、がんが再発していることがわかった。すでに手術ができる体力はなく、やれることは抗がん剤でがんを叩くことしかない。

輝子はまた毎日、娘の佳子を連れて見舞いに行った。最初のがんから四年半。二歳だった佳子は六歳になっていた。

健治の死から時間が経ったせいだろう。今の輝子が思い出すのは夫のユーモラスな行動とその姿だ。

「お父さん、抗がん剤で毛が抜けたのを気にして、病室ではいつもヘルメットをかぶって寝ていました。ヘルメットのなかに保冷剤を入れて、『毛穴を締めて活性化させるんだ』って。確かに、ヘルメットを外してみたら、黒くて薄い毛が生えていたんです。あと、お父さんはデータを取るのが好きだから、自分の体温や血圧を毎日、グラフにして、それを見せながら、先生と話をしていました」

健治は痩せて、弱ってはいたけれど、活動的だった。保冷剤を入れたヘルメットをかぶり、キャスター付きの点滴スタンドを転がしながら、他の病室の患者と雑談したり、議論したり……。

ある日のこと、彼は輝子に「うちの工具箱を持ってきてくれ」と頼んだ。

「何に使うの」と訊ねたら、「点滴スタンドのキャスターの調子が悪いから直す」と言う……。修理の後、キャスターが滑らかに転がるようになった健治はそれだけで嬉《うれ》しくなってしまい、他の病室まで出かけていって、点滴スタンドを見つけ次第、すぐにキャスターの調子をみるのだった。

しかし、抗がん剤はだんだん効かなくなっていき、体調は良くならない。次第に健治はキャスターの修理もできなくなっていった。ベッドに寝て、輝子を相手に話をする体力しか残っていなかった。

「これから言うことを全部、書き留めてくれないか」

健治は満寿屋の将来、そして、いかに国産小麦の生産を増やすかを話し、「あそこの農家に話をしてくれ」と具体的な指示をするのだった。

彼は話が上手で交渉がうまいというタイプではなかった。相手が誰であっても、ストレートに訴え、あとは行動で示す。江別製粉の西脇にも、食糧庁の役人にも、相手に意見を伝えようと思ったら、自分の焼いたパンを持っていって食べてもらった。

「これはオレが焼いたんだ。これが満寿屋の商品なんだ。もっとおいしくしたいから、力とアタマを貸してほしい」

その後、満寿屋は輝子、雅則と受け継がれていくのだが、ふたりとも健治に似ている。長く話をするよりも、自分たちの仕事を見てもらいたいと思っている。

「まずパンを食べてほしい」

それが健治をはじめとする満寿屋の人々の説得法である。


いよいよ体力が弱り、意識はあったが、起き上がれなくなった日、親戚と子どもたちが十人、第一病院の個室に集まった。むろん、輝子も子どもたちもそこにいた。普通なら泣き出す場面だが、彼女は夫の声を聞き漏らすまいと、じっと様子を眺めていた。夫は子どもたちの手を握り、「雅則、あとは頼んだぞ」「勝彦、お母さんの言うことを聞け」と話をしていく。

なかに、ひとり親戚のおばさんがいて、嗚咽《おえつ》を漏らしていた。人柄のいい、感情豊かなおばさんで、父と子どもたちの別れの場面を見ているうちに感極まってしまったのだろう。大声を上げて泣き出し、「健ちゃん、健ちゃん、頑張るんだよ。まだ早いよ。健ちゃん、健ちゃん」と叫ぶ。

すると、それまでかすれた声で話をしていた健治が「おばちゃん、うるさいっ」と一喝。ニコッと笑って、そして、意識を失った。その場にいた輝子も子どもたちも「うちのお父さんらしいなあ」と思った。四四歳。

満寿屋の国産小麦使用は始まったばかりだった。

第6章

世界に一軒

異業種からの参入

帯広市内で行われた健治の葬儀には友人知人が約三百人、出席した。祭壇には大きなポートレートと農家の伊藤が持ってきたハルユタカの青い麦が飾られた。輝子は小さな穂をつけた麦の束を見て、「これからは自分がやらなきゃいけないんだ」と心に決めた。

二代目社長の健治が亡くなった一九九二年はバブル経済が終わった翌年だ。好景気と軌を一にして、イタ飯ブーム、グルメブームが起き、日本全国の庶民がバゲットサンド、フォカッチャサンドを手に取るようになった時期でもある。食事は洋風化からグローバル化へと進み、日本人の食卓にエスニックメニューが並ぶことも稀ではなくなった。そして、パンの種類はますます増えていく。

町のパン屋は健在ではあったが、満寿屋のような独立した個人店は少なくなっていた。大手パンチェーンに属するベーカリーが大半になっていったのが当時の状況だ。スーパー、コンビニの棚には食パン、菓子パン、総菜パンが並び、買い物に来た客がついでにかごに放り込んでいくようになった。スーパー、コンビニはのちにオリジナルブランドのパンを開発、販売するようになっていく。デパートでは地下食品売り場、シティホテルではホテル内に、ブーランジェリーなどの支店を出店させる戦略をとるようになっていた。

新しい販売チャネルもできた。一九九六年、スターバックスが銀座に出店した。先んじてドトールも町中に店を増やしていく。タリーズもまた追いかけてきた。コーヒーショップチェーンの主力商品はエスプレッソ、カフェラテ、カフェマキアートだけれども、一緒に売れていくのがサンドウィッチであり、デニッシュだった。全国に店舗展開するコーヒーショップもまたパンを置くようになり、町のパン屋にとっては強力なライバルとなった。早い話が商店街にできる新しい店がすべてパンを商うようになったようなもので、町のパン屋は生き残りのために販売するパンの種類を増やすしかなかった。ただし、すべての町のパン屋がその道を目指したわけではない。過半は後継者がいなくなり、廃業するか、コンビニやチェーンのコーヒーショップに物件を譲ることになっていく。

だが、輝子はそうした新たに参入してきた異業種のライバルたちに負けないような手を打った。次々と商品のラインナップを増やしていったのである。従来からの菓子パン、調理パンだけでなく、バゲット、ヴィエノワズリーを常時置いて、時代の空気を取り入れていった。

健治の死後も同社の売り上げがまったく減らなかったのは、先代、健一のレシピがベーシックでクラシックなそれだったこと、さらに、地元産の乳製品、野菜などを原料にしていたこと、加えて輝子が新しいパンを手がけたことからだった。十勝の人間にとっては何よりも安心だったし、また、地元との絆《きずな》を感じさせた。農業、酪農関係者は地元にコンビニやコーヒーチェーンができても、パンだけは付き合いのある満寿屋で買っていたのである。

世界に一軒の理由

さて、書名にあるようにわたしが満寿屋のことを「世界に一軒だけのパン屋」と呼ぶにはわけがある。満寿屋は基本のパンの場合、すべてを地元の原料だけで作ることができるからだ。小麦、水、牛乳、バター。この四つはもちろん地元産である。ただし、ここまでなら地元産でまかなっているパン屋は世界中に何万軒とあるだろう。また、地元産野菜を使うパン屋もある。フランスやイタリアやドイツのパン屋が小豆やじゃがいもを使うかどうかわからないけれど、どこの国にも地元産の野菜を具材にするパン屋は少なくないはず。

問題は砂糖と酵母だ。このふたつを地元で調達しているパン屋となると、とたんに少なくなる。酵母は自家製で作るとしても、砂糖を地元産にすることは簡単ではない。

砂糖はさとうきびもしくは甜菜からできる。さとうきびを作っているのは熱帯だから、小麦が育ちやすい場所ではない。つまり、さとうきびと小麦の両方を栽培できる場所はまずないと言っていい。一方、甜菜と小麦は両立する。しかし、世界的には甜菜を植えている地区は非常に稀だ。

満寿屋は砂糖も酵母も目の前の畑から取れたものを原材料として使っている。しかも、満寿屋が使う量は半端なものではない。チェーンであり、十億円という売り上げ規模のパン屋である。おいしいパンを作る店は世界中にある。おいしいパン屋は日々、増えている。ところが、砂糖と酵母まで地元産の材料にこだわり、三代もかけてそのパン作りを実現させ、売り上げ十億円にまで成長させた店は世界中でおそらくここだけだろう。

日本甜菜製糖

甜菜から砂糖を作っている日本甜菜製糖株式会社の製造の本拠地は十勝の芽室《めむろ》町にある。わたしは満寿屋の杉山雅則に案内されて、同社に砂糖と酵母について話を聞きに行き、生産の現場を見学した。しかし、最初に言っておくけれど、製糖、酵母の工場見学は「そこに行った」という意義しかない。建物のなかにパイプがあるだけで、外から見ても、何も見えないし、わからないのである。

さて、砂糖はパンの柱となるべき原料だ。あんこやクリームに加えるだけでなく生地にも練り込まれている。そして、砂糖だけでなく同社が作っている酵母は杉山に言わせると、「パンの命」だそうだ。

酵母を加えて生地を発酵させないとパンはできないし、発酵することによって、うまみが生まれる。さらに言えば焼きあがった時の香りは小麦、油脂類が加熱された香りだけでなく、酵母の香りも混ざっている。パン生地を膨らませるだけならベーキングパウダーでもいいけれど、酵母を使えば有機酸、エステルといった、かぐわしい香りの成分が加わる。そこで、パンには酵母が欠かせない。

工場プラントを見学した後、わたしの質問に答えてくれたのは同社の田村雅彦だった。

「まずは砂糖の話をしましょう。日本における砂糖の消費量は年間二百万トン（二〇一六年）。うち八三万トンが国内で製糖したものです。そのまた六八万トンが甜菜から作った砂糖で、残りはさとうきびから取れたもの。つまり、国内の砂糖の大半は甜菜からできていることになります。

さとうきびから作る場合はきびを圧搾してジュースを搾りだし、ジュースを煮詰めて結晶を取る。甜菜の場合は搾りだすことはしません。お湯のなかに甜菜を入れ、甜菜に含まれる糖分だけを湯のなかに引っ張り込む。そして、湯を煮詰める。その方が不純物が少なくなるんです」

わたし自身は砂糖はさとうきびだけから作られるものと思っていた。しかし、国産品に関しては、甜菜から取れた砂糖の方がマーケットの主流なのである。

そして、甜菜とはアカザ科の野菜でビート、さとう大根とも呼ばれる。甜菜はほうれん草の仲間で日本では北海道だけで栽培されている。名前が似ているものに、ビーツ（テーブルビート）がある。同じアカザ科の野菜だけれど、糖分は少なく、赤い色をした根の部分を食用にする。本場ロシアのボルシチの赤い色はこのビーツを使う。本場のボルシチはケチャップやトマトで赤い色にしているわけではない。

砂糖の話に戻る。

独立行政法人、農畜産業振興機構のホームページには砂糖消費の概要として、次のような文章が載っている。

「近年においては、加糖調製品の輸入の増加、消費者の低甘味嗜好《しこう》などを背景として砂糖の消費量は減少傾向にあり……」

この文章は二〇一三年のものだが、その後も消費者の低甘味嗜好は変わっていないようだ。近頃、流行っている低炭水化物ダイエットで減らすべきもののなかにも、むろん砂糖は入る。砂糖や甘さはいまの日本社会では決して好かれてはいない。低甘味嗜好が一般化した時期を追求してみると、高度成長時代が終わった後からと考えられる。そして、近年、砂糖、甘さはますます嫌われるというか、遠ざけられている。

「おいしいものを食べたい。しかし、太りたくない。デザートは食べたい。でも、痩せたい」

非常に相反する考え方だ。しかし、それがいまの人々の共通の願いなのである。

ここで、昭和の高度成長時代に差し掛かった頃の食卓を思い出してみる。朝食には、でんぶ、佃煮、煮豆といった砂糖をふんだんに使った副食物が並んでいた。甘さはおいしさだった。まだ電気冷蔵庫が各家庭に普及していなかったこともあって、砂糖の防腐効果を利用したおかずはなくてはならないものだった。各家庭には必ず白砂糖と角砂糖が常備されていて、おやつに角砂糖をかじる子どももいた。わたし自身、ピンクと白の角砂糖をかじったり、氷砂糖をなめたり、金平糖《こんぺいとう》を何粒も食べたことを覚えている。当時の大人はコーヒー、紅茶に砂糖をスプーンで山盛り二杯は入れていた。

あの頃、結婚式に出席した親が土産に鯛《たい》や貝の形をした砂糖菓子をもらってきたのもよく覚えている。

それほど砂糖に囲まれた食生活を送っていたのだけれど、いつの間にか、砂糖の使用量はがくんと減った。いま、弁当のご飯の上にピンク色のでんぶを載せている人はあまりいない。他人の家を訪ねて、紅茶が出てきても、角砂糖は添えられていないだろう。喫茶店やコーヒーショップで砂糖をがばがば入れる人間もほぼ絶滅した。

そんな話を田村にしたところ、「そうですよねえ」と彼は腕を組んだ。

「いま、国民ひとりが年間で消費する砂糖はだいたい一七キロ。一日に五〇グラムと計算できます。でも、角砂糖とか砂糖の形で摂っているのではなく、飲料であったり、お菓子であったり、満寿屋さんが作る菓子パンに入っていたりします」

横にいた満寿屋の杉山雅則がその時、初めて「あのう、話はパンについてですよね」と言った。

「うちでは日甜さんの砂糖とそれをもとにした酵母を使っています。このふたつを組み合わせるからいいのだと思っています。なぜかというと、どちらか片一方ではなくふたつを組み合わせることで、とてもいい香りが出てくるからです」

酵母

杉山が発言のなかで示唆したように、日本甜菜製糖では酵母も作っている。しかし、驚くことに、パン用の酵母を作る工場は日本には四つしかないのである。しかも、ドライイーストを作っているのは同社だけ。日本中にあるパン屋のうち、海外産酵母を使っているパン屋を除けば、どこも同社の酵母を使用してパンを焼いていることになる。そして、業務用だけではない。家庭にあるパン焼き器に入れるドライイーストは国産なら同社のそれだ。もちろん、酵母は輸入品だからといって悪いわけではない。

では、あらためて酵母とは何か。

田村はこれまで工場の見学者に何百回と説明したけれど、いくら丁寧に説明してもわからない人は最後までわからなかったと呟いた。確かに酵母と言われても頭のなかに酵母の姿は浮かんでこない。「酵素」とはまた違うものなのだろうか。同じ「酵」という字が付いているから余計にわかりにくい。

田村は言った。

「いいですか。酵母は単細胞の菌です。酸素のない状態で糖を食べて炭酸ガスとアルコールに分解します。それが酵母。酵素という言葉と混同しないでください。酵素は、たんぱく質の一種。あとは自分で勉強してください。ここでは酵母の話だけをします。

当社では耳かき一杯の酵母菌に糖蜜を与えて培養しています。タンクの中でやるので、見た目は面白くも何ともありませんよ。工場見学に来た人が『タンクやパイプが並んでるだけだ』とおっしゃいますけれど、まさにその通りなんです」

培養後にできあがった酒粕みたいな形状のものが生のイーストで、乾燥させたものはドライイーストになる。ドライイースト「とかち野酵母」は顆粒《かりゅう》状で、こちらはチキンスープの素と似ている、というか、そのものに見える。

　田村は続けた。

「酵母菌はパンを膨らますだけでなくアルコールを作る働きもあります。ワインや清酒の酵母があるくらいですから。ただ、酵母はアルコールを作ると増殖する量が減ってしまう。うちではアルコールを作らせないように、酸素を与えて培養していきます」

　酵母は酸素がなくても仕事をする。酸素を与えると、自分を増やすのに専念してしまう。ここでまた杉山雅則が横から遠慮がちに発言した。

「パン生地が発酵する時に独特なアルコールの風味が付くんです。それが焼きあがった時のパンの香りになる。日甜さんの、とかち野酵母はさくらんぼから取った酵母で、甘い香りがします」

　酵母の働きは炭酸ガスの気泡で生地を膨らますことで、二番目の働きが風味付けということになる。

　いま、おしゃれなパン屋のなかには「自家製酵母」を謳《うた》っている店がある。そういうところではどうやって酵母を「自家製」しているのか。田村は言う。

「もともと酵母は自然のなかにあります。干した果実の皮などに多く付いています。

ですから、皮を集めてきてつぶし、小麦粉を混ぜておくと発酵します。それを元にして徐々に増やしていくと酵母ができる。工業的に増やしていくと均一のものになりますが、自家製だとなかなか均一にならないし、増やしていく時に雑菌が混じったら変な味のパンになってしまう」

ここでまた杉山からひとこと。

「満寿屋ではりんごの外皮から取った自家製の天然酵母を使っていますが、生地を膨らますためというよりも、味付けのひとつですね。生地を膨らます力は強くありません」

ちなみに、いく種類もある酵母のなかにワイン酵母がある。ただ、ワイン酵母ではパン生地は膨らまないらしい。けれども、ビール酵母を使えばパン生地は膨らむ。そして、パン酵母を使えばワインもビールもできる。パン酵母の力は酵母のなかでは増殖力が強いということになる。

わたしは訊ねた。

――では、ここにある糖蜜とパン酵母でラム酒を造ろうと思えばできるわけですね？

田村は「ふふ」と笑った。

「できます。でも、造っちゃいけないんです。密造で捕まります」

砂糖と酵母はパン材料のなかでは大切な働きをする。砂糖は味付けと発酵力の補強、酵母はパン生地を膨らまし、さらに風味を付ける。

わたしは理解した。そこで、また発想は飛ぶ。パンの味とは何か。香りは小麦粉なり油脂が焦げた香りであり、加えて酵母の風味だろう。そして、味は小麦の味だと誰もが思い込んでいる。しかし、小麦粉だけを水に溶いて、鉄板で焼いたとしてもおいしくない。発酵して、内部に空気が入っているからおいしい。パンがパンたるゆえんは内部に空洞があることで、味があるのは小麦粉と空気が一緒に口のなかに入ってくるからだ。わたしたちがパンの味と思っているなかには空気も入っている。

「粉物の味は空気で決まるのだ」

満寿屋の帯広店のパンに含まれているのは十勝の空気だ。カラッとしてすがすがしい十勝の空気が入っている。一方、東京の都立大学店のパンに入っているのは目黒通り沿いの空気だ。どちらに軍配を上げるかといえば、それはやはり帯広になってしまう。パンは都会より、小麦が育つ冷涼な気候のなかで地元産バターをつけて食べるものではないか。ただ、空気がきれいならそれでいいと言っているわけではない。タコ焼き、お好み焼きは大阪の猥雑《わいざつ》な空気で食べる。ピザはナポリの潮風の混じった空気のなかで食べる。粉物の味に影響しているのは小麦粉だけではなく、空気だ。そうわたしはひとりで納得している。

第7章

完成の日

Kitanokaori
香味麦選
Grain Farm Products in Tokachi
http://www.co-mugi.jp
Haruyokoi
for breads and noodle 強力粉
あなたのキッチンから広がる麦畑
Maeda Grain Farm Products

輝子さん、社長になる

一九九二年に健治が亡くなった後、輝子たち杉山一家が呆然《ぼうぜん》としている時間はなかった。毎朝、買いに来る客がいるパン屋に休みは許されない。工場ではいつもの朝と同じように、生地を仕込み、あんパン、ベビーパン、クリームパンを焼く。健治の念願だった国産小麦ハルユタカのロールパンも焼く。当時はロールパンについてはまだできあがりにばらつきはあるにせよ、何とか国産小麦で焼くことができた。しかし、肝心の食パンについては発酵が進まず、売り物になるようなものはできなかったので、店頭に出す食パンはカナダ産小麦で焼くしかなかった。

それでも、ハルユタカを使った試作は毎日、行った。ある日の食パンはちゃんと膨らみ、しっとりとした出来だった。だが、翌日、同じ分量の粉、水、砂糖などで作っても膨らみが足りなかったりする。同じ分量で同じ時間をかけても、膨らみ方が違うからまるで大きさが違うものになる。食べてみても、羊羹のような食感の食パンだったこともある。空気が入っていない小麦粉製品は、おいしくない餅だと思えばいい。問題は味だけではなかった。ハルユタカを使って焼くと、色が良くないのである。食パンの色が灰色っぽくなって食欲をそそらない。

実際、わたしはこの取材を始めてから国産小麦を使ってホームベーカリーで食パンを焼いてみた。何度、焼いても市販されている食パンのような真っ白にはならない。比べると、色が良くないのである。しかし、である。考えてみれば、あれほど真っ白になるのはどこか不思議だ。小麦粉以外に何か入れているのではないか、と考えざるを得ない。ただ、食パンの色が白くないと、サンドウィッチには使えないだろう。


満寿屋の職人は江別製粉の担当者と語り合い、精白度合いを上げる相談をした。製粉の精度を上げれば少しは白くなる。ただし、コストが高くなる。栄養価も落ちる。ただ、そうやって努力しても、ハルユタカを使う以上、カナダ産小麦の色より白くはならなかった。

できあがりのブレについても、パンの色についても、原因はひとつだ。結局、生産量が少ないから、品質が安定しないし、売りに出す製品を選ぶことができないのである。

輝子は思った。

「なんとかしなきゃ、お父さんの代わりに私がやらなきゃ」

満寿屋のパンは売れていたから、満寿屋が傾くことはない。しかし、何度焼いても商品にならないようなパンができると、工場の人間たちのモチベーションが下がってしまうのである。ただ、営業を継続するだけなら満寿屋がつぶれる心配はなかった。しかし、健治が残した「国産小麦でパンを作る」ことをやり遂げようと思ったら、従業員を鼓舞して結束させる経営手腕が必要だった。

健治が亡くなってから少し経ったある日、輝子は工場の片隅で、義父の健一から告げられた。

「輝子さん、雅則が大きくなるまで、あんたが社長をやってくれんか」

「いえ、社長なんて、そんな。お義父《とう》さんがされたらいいと思います」

「オレはパン職人だ。経営はできん。あんたしかいないんだ」

そこまで言われると、「ノー」とは言いにくい。

「果たして自分ができるのか」と思ったのだけれど、結局、「はい、やります」と答えるしかなかった。もし、誰か親戚に社長をまかせたら、息子に継がせることができなくなるかもしれない。輝子はそう考えて、「やってみよう」と覚悟したのである。

ところが実際に社長になってみると、力不足を感じる毎日だった。

健治が病気になってから社判を預かり、銀行との折衝もやることになった。店に立つことはなくなり、経理、総務については輝子が責任を持つ毎日だった。ところが「代わりの社長」と本物の社長ではまったく違うのである。相手の対応もまるっきり変わった。

ボヌールマスヤの借り入れはおよそ一億円あった。銀行としてはそれまで社長の奥さんとして話していた。しかし、亡くなった後、今度は輝子が借金に対して全責任を負うわけだ。そうなれば態度も厳しくなる。銀行に出かけていって話をする時も、輝子が細かいところまで数字を把握し、しかも、将来計画を考えていなくては納得してくれないのである。折も折、健治が亡くなった頃は日本経済が下降していくさなかでもあった。

バブルが崩壊し、一九九七年には北海道を地盤とした都市銀行、たくぎんが破たんする。北洋銀行などに業務は譲渡された。北海道の景気がどん底に向かっていくなかで、輝子は社長を継いだのである。さらに、当時は全国的にコンビニが店を増やしていく時期でもあった。

北海道は全国で唯一、地元発のコンビニが勢力を保っている地区で、地場チェーンのセイコーマートは「セブン-イレブンでさえ入ってこれない」ほど、地元客をつかんでいた。そんなコンビニの主力商品といえば弁当でありパンだ。満寿屋は不景気のなかで、店舗網を増やしていくコンビニとも戦いながら、地盤を守り、借金を返さなくてはならなかった。さらに成長を模索し、地場産小麦を使った製パンレシピを確立することも忘れるわけにはいかない。四方八方に目を配りながら、経営していくのが輝子の役目だ。手慣れた経営者でも音を上げたくなるようなハードな時期を輝子は乗り切っていかなければならなかった。

彼女の仕事は社長業だけではない。三人の子どもの母親でもある。高校二年生の長男雅則を筆頭に、高校一年生で次男の勝彦、小学生で長女の佳子と続く。弁当を作り、学校へ行かせる。父母会にも出席する。子育てだけでも手がかかるのに、時には社員と酒を酌み交わしてコミュニケーションを図る必要もあった。

輝子が夜遅くなると、小学二年生だった佳子はご飯を食べて先に寝ていた。佳子が熱を出して、医者に連れて行ったため、輝子の出社が遅れることもあった。幼い子どもをふとんに寝かせて会社に出勤するのは、それこそ後ろ髪を引かれる思いだった。昼間は元気を装い、明るくしていたけれど、内心では「この先、いつまで続けていけばいいのか?」と問い続ける日々だった。

そんなある日のこと、仕事を終え、久しぶりの家族一緒の夕食も済ませた後、輝子は飼っていた犬を散歩させていた。犬を連れて、トボトボ足を進めていたら、「あなた、満寿屋さんの社長さん？」と声をかけられた。白髪の品のいい女性だった。

「はい、いつもお世話になってます」

輝子が頭を下げてあいさつしたら、白髪の女性も頭を下げた。

「社長さん、十勝にはいろいろな会社があるけれど、満寿屋さんがなくなったら、私たちが困ります。頑張ってくださいね」

不意打ちだった。見ていてくれる人がいる。満寿屋は必要とされている。そう思うと、じーんとした。

「ありがとうございます」

頭を下げて、ただただ感謝した。

名前を教えてくれと言っても、白髪の女性は黙って微笑《ほほえ》み、そして、立ち去って行った。

輝子は呟いた。

「自分がやることはパンをもっと好きになること。会社を経営するなんて肩ひじ張らなくていいんだ。うちのパンを好きだから、みんなに好きと言えばそれでいいんだ」
そう思うと、ぐっと楽になった。

初冬まきに乗り出す

満寿屋のパン工場では職人たちの苦闘が続いた。何度やっても、ハルユタカでは食パンが膨らまないのである。いや、時々は膨らむ。しかし、それでは生産計画が立てられない。いっそ、全滅なら対処のしようがあるのだけれど、そうでないから余計に困るし、イライラする。国産小麦の試作が始まると、パン工場の雰囲気はとたんに悪くなった。

食パンとは別の問題もあった。それは工場のスペースである。ロールパン、食パン、あんパンなど、満寿屋では二十種類のパン生地を作って発酵させている。それだけでも大きなスペースがいる。それなのに、それぞれのパンで国産小麦の生地を仕込んだら、二倍の場所がいる。加えて窯に入れる時間も相前後させなくてはならないから、作業に大きなムダができてしまう。

ある時、工場の職人から提案があった。

「社長、何度やっても品質が安定しない食パンは昔から使っているカナダ産の『1CW』にして、他のパンをハルユタカにしたらどうでしょうか」

職人たちもさんざん悩んだ末の提案だった。健治が「国産小麦を使う」と言い残したことは彼らがいちばんよく知っている。健治の理想であり、夢だったことは毎日のように現場で聞いていたのだから、できることならば理想を追求したかった。そして、彼らは輝子が子どもたちを育てながら、社長として走り回っていることも知っていた。ただ、それでもなお、国産小麦で食パンを作ることは出口の見えないトンネルで作業をしている気分だったのである。

そして、職人たちは販売についても気にしていた。苦労して作ったハルユタカのロールパンは従来のロールパンよりも売れ行きが鈍かった。ハルユタカのロールパンはどういうわけか乾きやすく、そのまま棚に陳列したら皮がひび割れてしまうのである。一方、カナダ産の小麦粉で作ったロールパンはいつまでも表面にひびが入ることはなかった。

乾燥を防ぐためにひとつひとつビニール袋に入れなければならなかった。そこまでして、プライスカードに「道産小麦百パーセント使用」とセールスポイントを書いても、なお、客は昔からのロールパン、つまり、外国産小麦で作ったロールパンを買っていく。従業員もハルユタカのパンをやりたい。しかし、毎日の仕事量と売れ行きを考えると、全量を国産小麦にするのではなく、一部のパンだけにとどめておく方がいいと真面目な社員ほど思い詰めてしまうのだった。

輝子は提案してきた社員の気持ちがよくわかった。痛いほどわかったのだが、それでもなお、首を振るしかない。彼女は気を遣ってあいまいな答えにとどめておくのは良くないと思い、はっきり言った。

「いえ、国産小麦でパンを作るの。私は満寿屋のパンが好きだから、だからこそ国産にしなければならないと信じています。主人の遺言でもあるし、一緒にやりましょう。私は農家の人たちに少しでも多く種をまいて、畑を増やしてもらうようにするから」

翌日から輝子は従業員に約束した通りの行動に出た。生産農家を訪ね、ハルユタカを手がけてくれないかと頼んだのである。

「なんで、嫁のあんたがそんなこと言うんだ?」

そう聞かれたこともあった。彼女はこう答えるしかない。

「主人の願いです。お願いします」

頭を下げるのだが、それでも農家はなかなかハルユタカをまいてはくれなかった。輝子はたとえ一軒でも、まいてくれる農家が見つかったら、戻ってから工場に行ってみんなに伝えた。

「また増えたわよ」と。

それを聞くことが従業員にとってはもっともやる気が出るニュースだと彼女にはわかっていたけれど、実際にはハルユタカを栽培しようという奇特な農家はなかなか現れなかったのである。

一九九三年、手間がかかる割に収量が増えないハルユタカのペーパーポット栽培は中止されることになった。十勝の伊藤と泉兄弟は新たに初冬まき栽培に挑戦する。これは江別で開発された手法で、雪が積もる前の初冬に種をまき、越冬させて小麦を育てる方法だ。秋まきでもなく、春まきでもない、新しい栽培方法だが、苗を育てたり、ペーパーポットを使う手間ひまはかからない。江別では成功している栽培法だと聞いたので、伊藤、泉兄弟も初冬まきに乗り出したのである。

創業者の死と孫

健治の死から二年、満寿屋の創業者、健一が亡くなった。享年七六。一生をパンに捧げた人生で、健一は息子に先立たれた後、身体の調子を崩していたのである。

同じ年、長男、雅則は地元の高校を出て、大学に入学した。ただし、帯広から見るとはるか南の鹿児島だ。雅則が進学したのは鹿児島県霧島市国分《こくぶ》にある私立第一工業大学の工学部航空工学科だった。

「父親と同じように機械が好きで、なかでも飛行機が好きでした。パイロットではなく航空機製造に携わりたかった。それに、種子島《たねがしま》にロケットの発射場があったでしょう。鹿児島なら近くだから見に行くこともできる。まあ、そんな理由から第一工業大学にしたのですけれど、いちばん大きな理由は東大とか難しい大学の航空学科は僕の成績だと入れなかったからです」

雅則が「鹿児島に行く」と言ってきた時、輝子は「行きなさい」とすぐに許した。子どもが遠くの学校に行くことについて、止める気持ちなどさらさらなかった。健治は東京へ修業に出たし、輝子は東京から北海道へやってきた。息子が地元にいるよりも、遠くへ出ていくことを頼もしいと思ったのである。

それに彼女は忙しかった。満寿屋のパンを国産小麦にする計画は遅々として進んでいなかったが、ハルユタカの初冬まきの成績は良く、「やってみたい」という農家が何軒かは手を挙げた。本店、ボヌールマスヤともに相変わらず売れ行きは良かった。コンビニが出店してきても、満寿屋の売れ行きは微動だにしなかったのである。JRの関係者からは「帯広駅のなかに売店を作らないか」という話も来ていた。輝子は会社経営にかかりきりだったのである。

輝子はこう考えていた。

——雅則は飛行機のエンジニアになりたいらしい。それは放っておこう。必ず、いつかは戻ってくる。あの子もまたパンが好きだから、いずれは父親の跡を継ぐと言ってくるだろう。


鹿児島で勉強を始めた雅則は一年間、学生寮に入って真面目に勉強していたが、二年になってアパートを借り、ひとり暮らしをするようになってから生活にちょっとした変化があった。近所のスーパーへ買い物に行くようになり、自分で料理を作ってみると、「ピーマンでもナスでも鹿児島の野菜はおいしい」と思った。帯広の野菜だって、鹿児島に負けないくらい鮮度はいいし、おいしいはずなのだが、親元に暮らしていた時はそれほど料理もしなかったし、食べ物に対する関心も大してなかったのだろう。ところが、自分で作ってみると、何を食べても、非常においしく感じられたのだった。

食べ物に関心を持つようになってから、パン屋に対する考え方も変わった。

「やはりパン屋を継ごうか」

そんなことを考えるようになった。大学に入った時は、パン屋を継がずに航空会社のエンジニアになるつもりだったのである。その考えが少しずつ変わっていった。健治が十勝ワインを飲みながら「国産の小麦でパンを作る」と言っていたのを見てきたし、父親が病死した後、母親が苦労して店を守ってきたのも見てきた。飛行機は好きだったけれど、それはあくまで趣味にしておいて、自分の仕事は父親の夢を実現させることではないかとも思うようになったのである。

パン屋を継ぐ考えを秘めながら、雅則はアルバイトを探した。どうせやるならパン屋で、それも現場がいい。大学の近くにベーカリーチェーンが店を出していて、アルバイトを募集していた。時給は高くなかったけれど、いい経験になると自分を納得させ、雅則は働き始める。思えば大学生になってパン屋でアルバイトすることは、健治と輝子がたどった道と同じだった。

雅則は当時を思い出す。

「仕事の内容はパンを焼くことでした。冷凍のパン生地をもう一度、発酵させて、オーブンに入れるだけ。簡単な仕事だから、アルバイトでもすぐにマスターできました。パンの味？　冷凍だからといっておいしくないわけではない。でも、それなりでした。ただ、買いに来たお客さんは『焼き立てだ』と喜ぶんです。パンの仕事の面白さは焼くことよりも、人が喜んでくれることだと思ったのはあの時かな。いくらいいものを作っても喜んでくれなければやりがいがありません」

結局、大学時代はそのままアルバイトを続けた。四年生になった時はもう「実家を継ぐ」とはっきり決めてはいたが、卒業後すぐに帯広に戻る気持ちはなかった。もっとパンのことを勉強したい、特に小麦について知識を増やさなくてはならない。

雅則は決めた。

「海外産小麦の現場を見に行こう」

それはアメリカだ。就職はせずにアメリカ留学することにした。帯広にいた輝子も黙って費用を出してくれた。なんだかんだ言っても長男が満寿屋を継いでくれることは親にとってはありがたいことだったし、また、「小麦の勉強をしたい」と言ってくれたことはさらに嬉しかったからである。輝子自身、小麦について学ぶことには大賛成だったから……。

輝子は雅則の願いを祝福した。もし自分が雅則の立場だったら同じことを目指すとも感じたのである。雅則がアメリカに行って小麦とパンを学んでくることは一家にとっては必要なことで、少しも驚くことではなかった。

アメリカでの修業

鹿児島の大学を出た雅則はまずイリノイ州の語学学校で半年間、英会話を習うことにした。その後、カンザス州のマンハッタンにあるアメリカン・インスティテュート・オブ・ベイキング（AIB）――アメリカ製パン協会に四か月間、研修を受けに行った。カンザス州は小麦の大生産地で、「オズの魔法使い」の舞台でもある。マンハッタンはカンザスシティから車で一時間。周りは見渡す限り、地平線の先の先まで小麦畑である。

AIBは一九一九年、製パンと食品の加工技術を広めるために設立され、世界各国の製パン技術者、ビジネスマンの研修を受け入れている施設だ。雅則が入校したのは十六週間コースで、クラスは百人。日本の大手製パン会社から派遣されたビジネスマンも十数人、受講していた。

学ぶのは、おいしいパンの焼き方ではない。原料である小麦について知識を得ることから始まり、製パン工場のラインの設計から、パンの販売までと幅広いもので、どちらかといえば講義の重点は生産管理、生産技術についてだった。

「勉強になりましたよ。なんといってもびっくりしたのは『ノータイム・ドウ《生地》』を見たこと。発酵促進剤を使って、発酵時間を極端に短くした生地のことです。つまり、ほとんど時間をかけずにホワイトブレッドを作る。そうすれば製パン会社の利益は増えるわけです。技術よりも、いかに儲けるかを学ぶところでした。

ただ、やっぱりおいしくはない。ホワイトブレッドは日本でいう食パンにあたるものですが、そのままトーストして食べる人は少ないようです。サンドウィッチにしたり、スクランブルエッグをすくって食べたりという食べ方で、濃い味のついたものと一緒に食べる素材に過ぎません。ですから、パン自体をおいしくしようとはあまり考えていないようでした。日本とは違いますよね。でも、それもまた発見でした。私にとってはアメリカとアメリカ人を学ぶいい機会でした」

四か月のコースを終えても、雅則は日本に戻らなかった。

「次は現場で働く」

町のベーカリーでパン作りをしてみようと思い立ったのである。

彼がアメリカに留学していたのは一九九九年だ。同時多発テロより二年前のことで、どこの国の人間も自由にアメリカに入国することができた時代である。

そうしたなかで、世界各国の人々が集まっていたのがニューヨークだった。雅則はAIBの職員に紹介してもらった「エイミーズ・ブレッド」という手作りのベーカリーで研修を受けることにした。給料はもらえない。しかし、彼は現場で働くことができるのならば無給でもよかったのである。

エイミーズ・ブレッドの一号店はマンハッタンのミッドタウンにあったが、雅則が通ったのはグリニッチビレッジにある店舗だった。エイミーズ・ブレッドの創業者、エイミー・シャーバーは元からのパン職人ではない。ミネソタ州から出てきて、ニューヨークでオフィス・アソシエイトをした後、料理やパン作りが好きだからと料理学校に通ったのだ。

彼女のパン作りにおけるポリシーは伝統的なホームメイドのパンを作ること。実家でやっていることとまったく同じ考え方だったので、彼はその点にも共鳴して、同店を選んだのである。

「夜勤でバゲットを作るのが僕の仕事でした。生地をこねるのは機械でしたけれど、成型は手でやります。バゲットを成型して、表面にナイフでクープという切れ目を入れる。クープの入れ方も職人によって微妙に形が違うんですよ。夜勤を半年間、続けました。エイミーズ・ブレッドでは一般の消費者だけでなくレストランに卸す業務用パンも多かったので、焼いていたのはバゲットやハーブ入りのハード系のパンでしたね。技術も勉強になりましたけれど、それより仕事仲間と親しくなったことの方が大きかった。夜勤をやるのはみんな中南米からの移民なんです。誰もが僕のことを『マサ』と呼ぶんです。スペイン語でマサはパン生地（masa de pan）のことだから、ウケました。中南米の人たちが喜んで、『マサ、マサ（生地）はできたのか？』とくだらないジョークばかり言ってましたね」

家賃が高いマンハッタンで、彼が見つけたのは月五百ドルの貧乏学生が暮らすアパートである。夕食にサンドウィッチを食べて、エイミーズ・ブレッドに出かけていき、工場に入る。機械がこねた生地を細長く成型して、焼く前にクープを入れる。それを一晩に五百本、作るのが職人たちの仕事だった。早朝、仕事が終わったらアパートに帰り泥のようになって眠る。起きたら、市内のベーカリーを訪問し、数種類のパンを買ってきて食べる。休みは週に一度しかなく、その日は足を延ばして郊外の有名ベーカリーや、ブーランジェリーを回った。

かつて、健治と輝子が高円寺の「モンパルノ」で過ごした青春時代と同じことを雅則はたったひとりマンハッタンでやっていたのである。


彼のアメリカ滞在は一年と少しで、二〇〇〇年の初めには日本に戻ってきた。

帰国から満寿屋に戻るまでの四年間が雅則の人生修行だったのだろう。雅則は父親に比べると、静かで温和な性格をしている。だが、血は争えないようで、父親と同じように平穏に暮らす道を選ばない。

「何か違うことをやりたい」

それが満寿屋の血だった。

戻ってから、彼は大手企業に入社した。業界大手の製粉会社である。売り上げは三千億円以上。製粉事業の他、パスタ、うどん、そばの乾麺といった消費者向けの商品ラインナップもある大企業である。満寿屋は同社から小麦粉を仕入れていたが、だからといって縁故でもぐりこんだわけではない。同社の面接官はアメリカのＡＩＢとエイミーズ・ブレッドでの修業を高く評価したようだった。

雅則がまかされたのはコンビニが出していたプライベートブランド商品のうち、

菓子パン、総菜パン、サンドウィッチの開発だった。

「私が担当したのは大手ではなく、地方のコンビニチェーンです。弁当、総菜パンは主力商品ですから各チェーンの間でも競争が激しいんです。私はコンビニの人たちと一緒に何万人もの人が買うパンの開発をやりました」

役に立ったのはAIBで勉強したことだった。コンビニに並べるパンは大量に生産しなければならないし、消費期限をできるだけ長くする必要がある。あんパン、クリームパンなどの甘いパンは砂糖が保存料となって長く持つけれど、ハンバーグやコロッケが入った総菜パンはそうはいかない。常温で三日間持たせるには各種の添加物を入れなければならなかった。つまり、コンビニや大手の製パン会社がチェーンストアで売る総菜パンには添加物は必要不可欠だったのである。

雅則たちが開発したパンは人気となり、販売成績は良かった。濃い味付けが消費者にウケたのである。そして、発酵時間を短くするためにイーストフードを使った。その結果、生産開始から出荷までのリードタイムは短くなり、一方、添加物のおかげで消費期限は延びた。利益の上がるパンだった。しかし……。

雅則本人にとっては「こんなことをやっていていいのか」と考え込んでしまう仕事だった。

「実家では安心安全な国産小麦でパンを作るための努力をしているわけです。何年も、みんなが取り組んでいました。それなのに、後継者になる私が添加物の入ったパンを大量に作って売っている。そんなことをしていて世間に通用するのか、と自問自答してばかりでした。もし、父親が生きていたら、すぐに辞めろ、お前、なんでそんなところに入ったんだと怒られるに違いないと思いました」

軽度のうつ状態に陥った雅則は辞表を出す。しばらく東京のアパートで過ごした後、たったひとりで仕事を始めることにした。今度は青果業、つまり、八百屋さんである。

「とにかく疲れていたんです、あの頃。僕は消費者には安心安全なものを届けなきゃならないと、そればかり想《おも》ってました」

知り合いだった練馬と千葉にある有機農法の生産農家を訪ねて、キャベツ、にんじん、じゃがいも、玉ねぎなどを卸してもらい、それを都内の高級ブーランジェリーに売り込んだ。

二〇〇〇年前後からブーランジェリーが各地にでき始めた。「シニフィアン シニフィエ」の志賀が「ペルティエ」のシェフ・ブーランジェに就任したのが二〇〇〇年。ブーランジェリーという言葉が一般にもやっと知られるようになった頃だ。

キャベツ、にんじんといった野菜はブーランジェリーではサラダやサンドウィッチに使う。雅則はたったひとりで軽自動車のバンに乗り、農家を回って野菜を仕入れては売り込んでいった。自分自身がパン屋だけに、ブーランジェリーが欲しがる野菜については熟知していた。うまいところに目をつけたことになる。しかも、二〇〇〇年頃からスローフードという言葉がメディアに登場し始め、食の安心安全が叫ばれていた。雅則が始めた青果の卸売りはタイムリーな仕事と言えたのである。目のつけどころも良く、しかもタイムリーであったにもかかわらず、どうしたわけか彼の仕事はまったく儲からなかった。実は卸売りだけに徹していればよかったのだけれど、ビジネス以外の社会活動に手を染めたからだった。父親譲りの理想家精神が仕事の邪魔をしたとも言える。雅則は高級ブーランジェリーに野菜を売り込むだけでなく、売れ残りのパンを回収することを始めた。そして、売れ残って廃棄に回る予定だったパンを渋谷の宮下公園へ持っていき、ホームレスの人たちに配ることにしたのである。

「ただし、消費期限が切れた古いパンはホームレスの方たちには配りません。お腹を壊されると困るでしょう。そういう古いパンは豚の生産農家へ持っていって、餌にしてもらいました。ホームレスの方に配るのも、豚の生産農家に運んでいくのも、どちらも手弁当です。とても喜ばれましたよ。なんといっても高級ブーランジェリーのパンですから」

つまり、廃棄ロスをなくすこと、および食品リサイクルに挑戦してみたわけだった。だが……。

「やっぱり続かないんですよ。思い付きで始めたようなところもあって、資金的に行き詰まってしまった。仕事よりもパンの運搬の方に時間がかかってしまったのです。結果的にホームレスの方たちには悪いことをしました。毎日、十人以上も僕が行くのを待っていてくれたんですよ。高級ブーランジェリーとしては一日経ったパンはどうしても廃棄しなければならない。パン屋にとってはつらいんです。まだ食べられるパンを捨てるのはつらいことなんです。だから僕は誰かに食べてもらいたいと思って始めたんですけれど」

パン屋に限らず、総菜屋でもデパ地下でも種類にもよるが、売れ残りを翌日、販売することは原則としてできない。考えてみればいずれも食べられないものではない。翌日ならば十分、食べられる。しかし、買って帰った人がまたそれを冷蔵庫で何日も置いて、食べてからお腹を壊すことはある。店はそれを恐れている。だから、多くの店は営業終了後に従業員に安く売るのだけれど、いくら安くなったからとはいえ、自店のパンやとんかつ、アジフライなどを毎日のように食べ続ける人間はいない。結局、廃棄に回される。この廃棄ロスの問題は長年にわたって議論されているが、いまだ決定的な解決策が出たという話は聞かない。

——どんなものなんですか？　満寿屋はどうしているのですか？

わたしは聞いてみた。

雅則は「そうですね」とうなずく。

「いま、帯広の満寿屋は六店舗あります。残ったパンを全店から回収して、市内の本店に集めます。そして、夜の九時半から夜中まで深夜販売をする。全品二割から三割引きです。完売するまで店を開けています。つまり、廃棄はゼロです。帯広では、締めのラーメンの代わりに、うちのパンを買って帰るビジネスマンがいます。家に帰ってからあんパン、クリームパンを食べる……。ただ、都立大学店ではどうしても廃棄するしかありません。安くして売ると、お客さんはその時間に買いに来るようになってしまう。昼間の商品が売れなくなるんです。でも帯広のようにパンを夜や早朝に食べる習慣があるところではできます。必ず誰かが買っていくからです。けれど、東京では安くしても売れるとは限りません。また、あらゆる店で廃棄ロスをゼロにするために安売りを始めたら、お客さんがその時間に集中してしまうでしょう。そうなると地代が高いだけに、やっていけなくなる店が出てくる」
廃棄ロス問題のいちばん大きな点はここだ。閉店間際のデパ地下などで安売りをするけれど、安売り目当ての客が増えて利益を圧迫する。また、いくら安くしても、売れないものは売れない。加工食品の廃棄ゼロが壁にぶち当たっているのはこのふたつの問題があるからだ。ただし、いずれ雅則は都立大学店でも何らかの解決策を実行に移すことになるだろう。

さて、野菜の卸売りに挫折した雅則が次に手掛けたのは帯広から満寿屋のパンを取り寄せて売ることだった。ただし、東京に支店を作ったわけではない。全国のデパートで定期的に開かれている北海道物産展に満寿屋のブースを設営し、「十勝産小麦百パーセント」のパンだけを販売したのである。当時、まだ、満寿屋のパンは全品が十勝産、国内産の小麦ではなかった。ロールパン、あんパン、クリームパンといった地元産小麦で作っていたパンだけを仕入れて、全国の催事場で販売を行った。身体はきつかったけれど、手慣れた業務なだけに、仕事は楽しかった。しかもよく売れた。働くのは雅則ひとりである。一年間だけの仕事だったけれど、数千万円の売り上げになった。

「デパートには各地の名門ベーカリーが進出しています。それでも満寿屋のパンが売れたのは十勝産の小麦だと謳い、国産小麦について細かく説明したからです。

いまでこそ消費者の大半は国産がいいとなんとなくわかっています。しかし、当時は東京、大阪といった大消費地の人は国産小麦の価値をわかっていたけれど、他の地区では説明しないとダメでした。でも、説明したら、みなさん買ってくれたんです。そうやって全国を回っているうちに、実家に戻ろうと思うようになりました。父親が目指していた全店、全品百パーセントを十勝産小麦で作ることに挑戦しようと決めました」

夫婦でヨーロッパの名店へ

全国の物産展まわりをやめて、帯広に帰ったきっかけは家族ができたことだった。

雅則がある日、知人の製パン材料メーカーの社長宅に遊びに行ったら、社長の娘とその友人がいた。雅則だって、パンだけが恋人というわけではない。髪の毛の長い美女の電話番号を聞き出し、デートの約束を取り付けたのである。そして、何度か一緒にパンを食べに行ったり、彼女の弾くピアノを聴いたりしているうちに親しさは増していく。

思い切って「帯広に来ませんか」と結婚を申し込んだところ、ピアノの演奏家でもある美女は「はい」と言った。そうして、恵子《けいこ》は杉山雅則の妻になった。

彼女の仕事はプロのピアニスト。パンとはまったく関係がなく育ったのだが、世の中の女子に「パンなんて大っ嫌い」という人はまずいない。ふたりは東京で式を挙げ、帯広の郊外の一軒家に暮らすことになった。なぜ市内ではなく畑の真ん中の一軒家に住むかと言えば、そこは杉山家の別荘であり、長く使っていなかったからだ。また、まわりは森と畑だけである。いくら大きな音を出しても近所から苦情が来ることは絶対にない。ヒグマだって、鍵盤の音が響きわたっていれば、おいそれとは近寄ってこないだろう。ピアニストやミュージシャンにとって北海道の郊外は音を出すのに適している環境と言える。

二〇〇三年に式を挙げたふたりは翌年、新婚旅行へ旅立つ。両親はハワイ旅行だったけれど、雅則と恵子はヨーロッパへ出かけていった。しかも、七十日間という長期間である。

ただし、エッフェル塔やトレビの泉といった観光名所を巡る旅ではなかった。ヨーロッパの十か国を訪ね、個性のあるパン屋を訪ねたのである。

雅則が文章で記録してある新婚旅行の経過は次のようなものだった。

『二〇〇四年四～六月　七十日間の欧州旅行でした。訪問して、試食したのは十か国。

デンマーク：アウリオン

フランス：ポワラーヌ、ジュリアン、フィリップゴスラン

イタリア：フォルノ・カンポ・デ・フィオーリ

イギリス：ヴィレッジベーカリー

オランダ：シモンメイソン

他、各国の多数のベーカリーを訪ねました。

その他の報告

一　この旅行は、帯広畜産大学の中野益男教授から、ヨーロッパには、風車で挽く粉だけを使って、とてもおいしいパンを作っているベーカリーがあると一枚の写真を見せてもらったことがきっかけでした。どうしてもそのパン屋を訪問したいと思い、まずデンマークへ行ったのですが、写真のベーカリーはすでに閉店し、別のベーカリーになっていました。

ところが、近隣にかつて風車で粉を挽き、パンを作っていたパン工場があり、訪問。現在は風車は使っていなかったけれど、オーガニックに特化した特徴的なパンを焼いていました。

実は、この風景を見たことが後にオープンする当社の「麦音《むぎおと》」店に結びつきます。麦音店では風車を置き、地元の小麦粉を製粉することになるのですが、それはこの時の思い出からです。

二 ローマにある「真実の口」のすぐ近くで、偽装警官にクレジットカードを盗まれ、さらに暗証番号も聞きだされたため、約三十万円の損害がありました。その件で、イタリア滞在は切り上げ、スイス・ルッツェルンに行き、閑静な街並みや親切な人々に癒されました。まあ、パンとは関係のない話ですが。

三 フランス人の友人の紹介で、フランスの田舎町のパン屋に数日泊まり込み、店主と共にパンを作りました。妻も、パンの販売の手伝いを体験しました。真夜中から大量のフランスパンを焼き、町の人にパンを供給するフランスのパン屋という職業に感激しました。同国のパン屋は日本のパン屋に比べてひとりで大量のパンを作っています。しかもバゲットの製造数が圧倒的に多いことが特徴。

四 各国各地のパン屋で、土着のパンが作られ、それぞれの食文化に密着していることがよく分かりました。各地で最もよくとれる穀物を主体として、歴史が作りあげた各地のパンは、各地の料理とよく合い、どれもすごくおいしく、その地で食べると身体になじむような感じがしました。

付記　あまりにもパン屋ばかり巡る旅だったので、妻の恵子が最後は「もうパンは食べたくない」と言いました。それもまた仕方のないことだと思いました。以上』

二か月以上のパン屋をめぐる旅を終え、雅則と恵子は帯広へ。健治と輝子の二代目の時代から、バトンは雅則と恵子に手渡されたことになる。

第8章

主人の遺言です

「春よ恋」から「ゆめちから」まで

跡継ぎの雅則が鹿児島の大学に入学し、さらに、アメリカ留学、八百屋と実家を離れていた間、素人経営者だったはずの輝子は満寿屋の新店舗を出店し、売り上げを伸ばした。

たとえば健治の時代、店舗は次の二軒である。

本店　一九五〇年創業　売場　三三㎡　イートイン　四席　※売場面積にイートイン含む。

ボヌールマスヤ　一九八七年開店　売場　一二七㎡　イートイン　二八㎡　十席

一方、輝子は社長になってから三つの新店舗を出し、いずれも順調に推移させた。

一九九六年、JR帯広駅の構内にトラントラン（売場　二八㎡）を出店した。帯広に来る観光客、ビジネスマンが列車のなかで食べる弁当はそれまで豚丼が圧倒的だったけれど、トラントランができてからは、満寿屋の白スパサンドとクリームパンといったパンを買って列車に乗る客が明らかに増えた。

翌九七年には帯広の隣町、音更のスーパーOKセンターのなかに音更店を構えた

（売場　九三・七㎡）。それまで音更町から帯広の店までパンを買いに来ていた客は近くにできた新店を利用するようになった。

それから九年後には芽室町にナポリ風ピッツァとパンの店、めむろ窯を開いた（売場　二九・二㎡　イートイン　三八・八㎡　十二席）。

つまり、輝子が社長だった十三年（一九九四〜二〇〇七）の間、満寿屋は二店舗のパン屋から五店舗になった。ただ、似たような店が複数あるのではなく、いずれも個性のある店で、同じ坪数、同じ商品の画一店舗ではない。それぞれの店独自の限定商品や取り扱い商品があった。

彼女のやったことは基本に忠実な経営だった。経費を抑え、しかし、店を出す時は出費を惜しまない。一個百五十円、二百円といったパンを売り、それを集めて店を増やし、銀行への借金を返したのが彼女の社長時代だったのである。バブル崩壊後の日本経済が収縮していくなか、輝子は堅実に経営しながら、同社を成長させた。満寿屋の社史ができるとしたら、彼女の位置づけは「中興の祖」だろう。

ただ、本人は店を増やしたことよりも、国産小麦の使用比率がなかなか上がっていかないことが気にかかっていた。

輝子は言う。

「社長の仕事をしながら考えていたことは、主人と同じでした。どうすればハルユタカの栽培面積を増やすことができるのか。農家の方の会合に出かけていっては『国産小麦でのパン作りは主人の遺言です、どうぞよろしくお願いします』とそればかり繰り返していました。でもねえ、ハルユタカは本当に手のかかる小麦でした」

十勝の生産農家にとって、ハルユタカは「わかりました、やります」と請け合える産物ではなかったのである。

そんな時、あるニュースが伝わってきた。北海道の農業試験場で新しい小麦の開発に成功したというニュースだった。ハルユタカだけにとどまらず、その後も小麦の交配を続け、新品種を続々と登場させたのである。

新品種はそれぞれ二〇〇〇年代になってから登録され、北海道各地で栽培されるようになってゆく。どれもハルユタカほどは手がかからず、しかも、収量が期待できるものだった。たとえば次のようなものだ。

二〇〇一年　「春よ恋」　春まき小麦（パン用）

発酵させると膨らみやすく、品質が安定している。

二〇〇三年　「キタノカオリ」　秋まき小麦（パン用、中華麺用）

香りがよく、やや甘みがある。

二〇〇八年「はるきらり」春まき小麦（パン用）

病気に強く、収量が安定している。

二〇一〇年「ゆめちから」秋まき小麦（パン用、中華麺用）

ブレンドして、パンやパスタなどに使える。超強力粉。

他にうどん用、菓子用の新品種「きたほなみ」も二〇〇六年に登録されている。

満寿屋のパン職人たちは江別製粉から次々と持ち込まれてきた新品種を試し、レシピを作り直していった。新品種はペーパーポットを使うわけではなく畑にじかにまくものだったため、生産農家に好評だった。栽培する農家が増えれば収量も増え、品質は安定する。製粉しても一定の品質を保つことができるから、新品種の小麦が増えるにつれ、ある日は膨らんだ食パンが次の日はダメだったなどということがほぼなくなった。

満寿屋が長年、目標としてきた国産小麦の百パーセント使用をアシストしたのは、新しい品種の登場だったのである。

満寿屋というパン屋が情熱を持ってチャレンジしていることは製粉会社、農業試験場もよく知っていた。それもあって農業試験場の人々は小麦の新品種開発に力を入れたのだった。

最初は業界関係者も「国産小麦を百パーセント使うなんてことは絶対に不可能だ」と言っていたけれど、新品種の登場でにわかに現実に近づいたのである。

輝子は「主人の遺言」とかたくなに前進してきた。ひたむきな前進が農業試験場の人々の心に届いた。彼らが新品種の開発に力を尽くしたのは、満寿屋があるからに違いない。必ず使ってくれる相手がいたからこそ、一生懸命、品種改良に励んだのではないか。

新品種作り

一口に新品種の開発とは言うけれど、これもまた手間と時間がかかる仕事である。

わたしは秋まき小麦の花が咲く二〇一七年六月、帯広の近隣にある本別町の小麦生産農家、前田農産に出かけていった。国産小麦栽培の第一人者で理論家の社長、前田茂雄に小麦生産について聞きに行ったのである。その際思いがけず、新品種の話、除草剤の使用についての話を教えてもらうことができた。

前田は一九七四年生まれ。七人の家族を養うお父さんだ。母親、妻、そして、五人の子どもと一緒に暮らしている。

「うちの農地は百二十ヘクタール。東京ドームが大体四ヘクタールと言われているので、三十個分ですね。それを僕を入れた四人で管理しています。いや、できますよ。野菜や果物なら難しいけれど、穀物はできます。

百二十ヘクタールのうち八十ヘクタールが小麦で、五種類やってます。うどん用が、きたほなみ、パン用がキタノカオリ、ゆめちから、はるきらり、春よ恋。加えて受託作業で、さらに四十ヘクタールくらい、春よ恋とゆめちからの請け負いをやっています。野菜はビートと小豆、そして日本でほとんど栽培事例がないポップコーンにする爆裂種のとうもろこしを作っています」

彼の話にハルユタカが出てこないことに注目したい。ハルユタカは当初、ペーパーポット栽培で育てる品種だった。栽培法が嫌われたために、ハルユタカを育てる農家は増えなかった。前田農産もまたハルユタカには手を出さなかった。現在、ハルユタカは初冬まきに変わっているが、それでも栽培する農家はさほどは増えていない。小麦農家は手間がかからず、収量が多い新品種に移行していったのである。

前田が初めて雅則と会ったのは、「新婚ほやほやの頃だった」。

「当時、春よ恋を作っていたのは十勝でも三軒の農家しかなかった。僕も栽培して一年目だったのですが、どこかで噂《うわさ》を聞いたらしく、杉山さんが来てくれたのです。その時、収穫した春よ恋の原麦を持って帰って、次の日、早速、パンにしてくれたんですよ、嬉しかったな。忘れられないですよ。春よ恋のパンはすごくおいしかった。しかも、製粉は杉山さん自身が石臼で挽いたやつだった。素朴な味で、でも、小麦の甘みが感じられたんです」

前田とは小麦畑のなかで話をした。途中、彼は麦畑を指さした。

「ほら、どの麦も花が咲いてます」

そう言われたけれど、ただ見ただけでは気づかない。小さな黄色い花で、二ミリくらいのものだ。前田は小麦を一本、摘み取って、花を見せてくれた。

「小麦は自家受粉です。雄しべの花粉が、すぐ下にある雌しべにくっついて受粉となる。受粉した後はだんだん実が膨れていきます。一方、品種を作るための交配は他家受粉です。他の品種の花粉を雌しべにつける」

前田は簡単に言うけれど、品種改良とは小さな花のなかのこれまた小さな雄しべの花粉を雌しべにつける作業である。それを何度も繰り返す。栽培して種子ができるのを待つ。

できた種子を畑にまいて育てる。そうして穂が実る。種子ができる。それを調べる。出来がよかったら、数を増やすために栽培して育てる。それもひとつやふたつの品種を作るわけではない。数百から一千種類のサンプルを作り、そのなかから病気に強かったり、虫や鳥に食べられないような性質を持っていたり、収量が上がる種子を残していく。

残るのは選びに選んだものだけだ。たとえば小麦の種類のなかには「野毛《のげ》」と呼ばれる種子の先の「ひげ」が長いものがある。野毛が長いと、それが邪魔をして、小鳥が種子をついばむことができない。

農業試験場の人々はそこまで考えて、毎日、地道で退屈な作業を繰り返す。忍耐力の仕事である。

キタノカオリ、ゆめちから、はるきらり、春よ恋はいずれもそうやって開発されたパン用小麦の新品種だ。

前田はため息をついた。

「ハルユタカはだんだん少なくなってきました。春よ恋、はるきらりが出てきたからですよ」

わたしは聞く。

——新品種の方が栽培しやすいのですか？

「それもあるし、短い期間で早く生長するからでしょうね」

そう言いながら、前田は畑の土を長靴の先で蹴った。

「春と言っても、種をまくことができるのは五月のはじめからですよ。それまでこの土は凍っているんです。コンクリートみたいに硬いんだから」

言われてみれば北海道の春は遅い。札幌でも花見はゴールデンウイークの最中だ。五月はじめに小麦の種をまいて、収穫が八月末とすると、生育期間が短い。

――では、全部、秋まき小麦にすればいいのでは。

そう言ったら、前田は笑った。

「小麦には寒さを経ないと発芽しない品種があるんですよ。だから、秋にまく。逆に春まきの小麦品種は寒くなったら発芽しない。だから、春にまく。春まきを秋にまいても発芽しません。それだけのことです」

なるほど。

ついでに、わたしは訊ねた。

――除草剤をまくのはいつですか？　除草剤はポストハーベストよりは安全なのですか？

前田は「いや、除草剤は必要なんですよ」と言いながら、また畑の土を蹴った。

「通常、除草剤は小麦だと二回まきます。一度目は土壌処理。雑草が出る土の表面上に薬を付着させておく。雑草が発芽してきて、土壌を通り抜けるときに除草剤に当たって、その後だんだん枯れていく。もうひとつは接触剤。うちでは大体、五月の二十日頃にまくんです。雑草が生えてきたら葉っぱにまく。葉っぱに付着すると、効果を発揮して、だんだん枯れていく。どこの国の農家も同じようにやっています。小麦に使う除草剤は日本で開発されている薬じゃないんですよ。ヨーロッパもしくはアメリカで開発された薬です。また、なぜ二回なのかと言えば、麦が伸びてきたら、雑草は麦の日陰になるから枯れるんです。だから、二回でいいんです」

わたしは音更の小麦農家の津島にも聞いたけれど、前田にも同じことを聞くことにした。この取材は国産小麦なら安全なのか、を問うこともテーマのひとつである。生産農家に行くたびに国産小麦の安全性について聞かざるを得なかったし、わたし自身もそれが気になった。なんといっても、ポストハーベストは良くないと書いただけでは読んだ人が信用しない。国産小麦はポストハーベストではないけれど、無農薬栽培の農家を除くと、除草剤は誰もが使っている。そして、無農薬で栽培した小麦の生産量はとても少ない。

わたしはしつこく訊ねた。

――除草剤はポストハーベストより安全性が高いのですか？

前田は土を蹴る。三回目だ。

「もちろんです。除草剤は試験場で何年も試験を受けたものを我々はまいているんです。残留農薬があるとか、そんなことはまずあり得ない。ポストハーベストというのは、収穫後、小麦の粒に直接、まく。輸送の間にどうしても虫とカビが出てくるからやらざるを得ない。一方、除草剤は小麦にかけるのではなく、土と雑草の葉っぱにかける。その違いです。他に殺菌剤、殺虫剤もあるけれど、殺菌剤は病気が出てきたらまく。殺虫剤はアブラムシが出てきたらやるだけ。よほどひどくやられない限りはまかない。第一、北海道はアブラムシがつくということはほぼありません。気温が低いから大丈夫ですよ。

有機農業をやっている方は大変です。ものすごい労力です。石灰と硫黄の合剤や、お酢で対処するのだから。

だいたい小麦を日本で作ること自体が無理と言えば無理なことなんですよ。適地適作とは言いづらい。もともと小麦は中東の乾燥地帯の作物です。日本で育てるには品種改良しなきゃならないんですよ。海外の品種をそのまま持ってきたら、赤かび病でやられちゃう。うちの畑でも赤かび病は出ます。日本の住宅の台所や風呂場でもカビは出てくるでしょう。湿気の多い国だから。そりゃ、小麦だって赤かび病になりますよ。人間だって百パーセント健康な人がいないように、小麦だってすべて健康優良児じゃありません。これだけの量を育てているんだから、実が小さいのもあります。そういうのは選別する。小麦を育てて、毎年、収穫をあげていくのはそれは大変なことなんですよ」

前田と話していてわかったことは三つある。二〇〇〇年代に国産小麦の品種改良が進んだから、北海道では小麦の栽培が増えた。次は除草剤の問題。完全に安全とは言えないがポストハーベストとは段違いに安全だ。

そして、実際に畑に立って農家の作業を見ていると、除草剤を抜きにして、穀物も野菜もマーケットに出す量を確保することは不可能だろう。それは日本だけでなく、世界のどこの国に行ってもそうだ。慣行農法で作物を作る人たちは除草剤を使う。そうしなければ生活が成り立たない。それだけに有機農法をやっている人たちの労力と信念は尊敬に値する。ただ、ヨーロッパの冷涼地でビオの小麦を育てるのと湿度の高い日本で小麦の有機農業をやるのは違う。ヨーロッパの冷涼地であればそれほど雑草は育たない。しかし、日本では雑草は生えるし、カビも出る。同じ有機農業をやるのでも、日本の方がはるかに作業量は多くなる。信念に揺るぎのない人でなければできない。

もし、わたしが農業経営をやるとするならば、やはり除草剤は使うだろう。すべての雑草を手で取るのは途方もない労働量だ。それはできない。

さて、もう一度ポストハーベストを考えてみる。製粉会社の関係者は「直接、穀物にかけているのは事実だけれど、蒸発してしまうから、残留しているわけではない」と語る。しかし、である。「直接、かけている」と聞いてしまった以上、やはり気になる。わたしは小麦は袋に入っていて、船倉に積み込まれているものだとばかり思っていたから、ポストハーベストをかけるといっても、袋の上からではないかと漠然とイメージしていた。しかし、考えてみればカビや虫の予防だとすれば袋の上からでは意味がない。ポストハーベストは穀物や果実に直接、かけないと効果がないのである。

そうなると、「やっぱり」と思ってしまう。わたし自身は海外産の小麦で作ったパンも食べる。国産小麦だけにしようとか、海外産でも有機小麦しか食べないとは言わない。だが、乳児、幼児、妊娠している女性にはすすめにくい。歯切れは悪いけれど、聞かれたらそう答えることにしたい。

では、除草剤の使用についてどう思うかと聞かれたら、「はい、使ったものを食べます」と答える。

庶民が有機で育てた食物だけで生きていくのは不可能だ。びくびくせず、普通のスーパーで売っているものを食べる。それがわたしの人生である。

津島の畑でも前田農産でも、毎年、除草剤を使っている。彼らも必要最小限にしようと努力している。科学的な考え方ではないが、間近に彼らの努力を見てしまった以上、「わたしは除草剤を使った小麦なんか食べませんよ」とは言わない。

価格は上げない

長々とポストハーベストや除草剤の話をしたのは、いまの時代の人々の食に対する関心は決して美味の追求だけではないと思うからだ。

満寿屋で、国産小麦使用と謳ったパンが売れ始めたのは二〇〇〇年の夏以降だ。輝子が何月だったかをはっきり覚えているのは同年の六月、雪印乳業が低脂肪乳で集団食中毒事件を起こした直後だったからだ。

食中毒の原因は帯広から三〇キロ離れた広尾郡大樹《たいき》町にある同社工場の汚染と管理の不手際である。そして、この食中毒事件では近畿圏で一万四七八〇人の食中毒認定者が出た。お腹を壊したのは子どもたちだったため、世間の反発を買い、さらに、当時の社長が「わたしは寝ていないんです」と逆ギレしたことが事態を悪化させた。雪印乳業は消滅し、メグミルクに変わった。

地元で起きた事件は帯広市民の意識に残り、満寿屋を訪ねる客もまた食の安全を気にするようになったのだった。

「国産小麦使用」という満寿屋が掲げたプライスカードが客の心に届いたのは地元の工場が起こした不祥事が大きなきっかけだったのである。

輝子は思い出す。

「あの頃、十勝小麦のパンを買ったお客さんから言われたことがあります。『満寿屋さんは原料にこだわっていたんですね。パン一個の値段が安いから、海外産を使っているのだとばかり思っていました』

それまではパンの原料表示を見るお客さんはいなかった。あの時からみなさん、ちゃんと表示を見るようになりました」

食中毒事件以後、満寿屋の各店舗では国産小麦のパンから売れていくようになった。それまでは海外産小麦のパンがなくなってから国産小麦に手を伸ばしていた客がほとんどだったのに、雪印事件以降はその行動が逆になった。そして満寿屋は当初から国産小麦だからといってパンの価格を上げはしなかった。海外産と同じ値段にしていたので、客にしてみればお得感があったのである。

国産小麦に価値が出てきたのと、新品種が現れたのが相乗効果となった。満寿屋の棚には地元産小麦のパンの比率が増えていった。津島、前田といった十勝周辺の生産農家が次々と栽培を始めたため、収量は上がった。満寿屋はそれを使ってパンの種類を増やしていく。客は国産小麦から買っていく。やっと国産小麦の好循環が生まれたのである。

健治が夢に見た「地元産の小麦ですべての店の棚を埋める」ことが一歩一歩、実現に向かって進み始めた。

「麦音」開店

話は雅則の帯広、新婚時代に戻る。

満寿屋専務として輝子の補佐を務めるようになった雅則の仕事はふたつあった。

まずは健治以来の課題である地元の小麦畑をますます増やしていくこと。前田農産のところで触れたように、「小麦の畑ができた。パン用小麦が取れた」と聞くと、雅則は駆けつけた。そして話を聞いて、小麦を仕入れ、パンを試作し、翌日、農家に持っていく。そうやって実物を見せて、「もっと増産してください。うちは全量買います」と約束した。そして、生産農家の人たちと親しくなるためにさまざまなイベントを開いた。

講演会もあれば小麦の勉強会もやった。農業関係のイベントには進んで参加した。農家の人々と話す時間を確保するためにバーベキューパーティを開いた。夏は戸外で行い、冬場は農家が持っている倉庫やトラクター格納庫を会場にした。

バーベキューは帯広では郷土料理のようなものだ。それぞれが作った素材、料理を持ち寄って炭火で焼く。カセットコンロではなく、炭火を使うところが帯広風、十勝風である。農家が作った野菜はいずれも甘くておいしいものばかりだ。じゃがいも、にんじん、玉ねぎ、とうもろこし、キャベツ……。むろん、ラム、ソーセージもある。人気の具材はじゃがいもと満寿屋のパンだ。帯広では、新じゃがは食べない。地元の人たちは雪の下に寝かせた糖度の高いじゃがいもを愛する。

「新じゃが？　あれ、甘くないっしょ」である。

糖度を増した皮つきじゃがいもをふかして、アルミホイルで包み、炭火に載せた網に置く。こんがり焼けたら、アルミホイルを開いて地元のバターをこれでもかと盛り上げる。じゃがいもとバターが交じり合ったものをスプーンで食べる。じゃがバターである。

雅則はバーベキューパーティには必ず満寿屋のバゲットや、カンパーニュを大量に持っていった。それを網に載せ、焦げ目をつける。横の鉄板上にはタレをしみこませたラムと玉ねぎがじゅうじゅうと音を立てている。焦げ目のついたパンの上にはこれまた地元産新鮮バターを塗る。そうして、ラムと玉ねぎをはさめば、「ジンギスカンパン」のできあがりである。

そして、雅則は「残ったパンを持って帰ってください」と言うことにしていた。そうすれば、家族にも地元小麦パンのおいしさを知ってもらうことができる。そうやって少しずつファンを増やしていくのだ。商品の宣伝文句を口にするだけでなく、おいしい食べ方を提案して、経験してもらうことが販売促進策なのである。

一般に、帯広の農村部で行われるバーベキューでは酒は出ない。参加者はそれぞれ車に乗ってやってくるからだ。酒酔い運転をして免許取り消しになったら、仕事にならないから、ジンギスカンやじゃがいもを食べても、一滴も飲まないのである。わたしも一度、参加したけれど、ビール王国の北海道で、ジンギスカンを食べながらペットボトルのウーロン茶を飲むのは、ちょっと残念だった。しかし、みんな飲まないのだから、わたしだけがビールをくれというのはわがままである。

その分、ジンギスカンパンを食べまくった。羊の肉は米よりも、パンに合う。中東の砂漠地帯、あるいはモンゴルの高原で羊肉とパンを食べているような気がした。

自宅でジンギスカンをやる人々に訴えたい。どんぶり飯に載せるより、カンパーニュを焼いて、バターを塗ってから、ジンギスカンをはさんで食べてほしい。ビールでもいいし、赤ワインも合う。あるいは馬乳酒もいいだろう。

さて、満寿屋専務だった雅則のもうひとつの仕事についてである。小麦栽培の普及の他に、彼がやったのは新店舗の建設だった。土台になる考えは妻とふたりでヨーロッパのパン屋を回った時に芽生えたものだった。

「それが麦音《むぎおと》です。開店は二〇〇九年の五月でした。でも、店のコンセプトはヨーロッパから帰ってすぐに考えましたから、できるまでに足掛け五年、かかったことになります」

帯広市の郊外、稲田《いなだ》町にある麦音は従来のパン屋のイメージとは隔絶した店舗の形となっている。敷地は一万一千㎡。東京ドームのグラウンド面積に近い。日本一、敷地面積が広いパン屋である。売場面積は八八㎡で、イートインスペースは五七㎡、五十席。屋外にも百席のテーブルがある。

広い敷地で何をやっているかと言われたら、それは国産小麦の栽培だ。ハルユタカ、ゆめちから、はるきらりなどを植え、収穫したら製粉してパンにする。目の前の畑で取れた小麦でパンを作っているわけだ。むろん、一軒の店で売る量には足りないので、他の地元産小麦も使っている。

ただ、畑に麦がある風景は満寿屋のコンセプトを目で見える形にしたものだと言える。風車を設けて、自然の力で粉を挽くようにし、さらに、地元の木質ペレットでパンやピザを焼く。国産小麦の使用、環境問題についての理解など、雅則の考えではあるが、実は亡くなった健治の理想とも重なっている。雅則がヨーロッパで見た昔からのパン屋の姿であり、同時に未来型のそれだ。

いま、トヨタの工場では二酸化炭素の排出を抑えるために自動車製造の部品を運ぶラインに傾斜をつけ、重力で運搬できるようにしている。最先端の工場では太陽光発電の電気を動力に使うことよりも、重力それ自体で物を運んだり、ラインを動かしたりすることに心を砕いているわけだ。麦音でやっていることもそれと同じ試みである。

あんパンと社長交代

雅則が戻ってきてから、輝子は経営にかかわる仕事を少しずつ譲っていった。生産農家を回り、栽培面積を増やす役割もまた雅則に頼んだ。雅則は専務の肩書のまま、ほぼ社長と言ってもいい毎日を送るようになった。

雅則は自然のうちに満寿屋の四代目社長への道を進むようになったのだが、初代の健一からそれぞれの社長を見ていくと、キャラクターははっきりと異なっている。

初代の健一はパン職人だ。社長というよりも、終生、工場のなかでパンを作る道を歩んだ。彼の情熱は、おいしいパンを安く作ること。職人の生き方だった。

二代目の健治は職人ではあったけれど、関心はパン作りだけにとどまることはなかった。

「地元の小麦でパンを作る」

思いついたら、真一文字に目標に向かった。おいしいパン作りに加えて、他の人が挑まなかったことにチャレンジする人だった。思えば、彼の場合、簡単には達成できない目標を選んだ。夢に向かっていった当初は自分の想いを実現することしか考えていなかった。

「消費者の安心安全のために国産小麦を使う」

社会的な目標であり、そして「自分が他人に先駆けてやる」ことに力を注いだ。目標にバカみたいになって突っ込んでいく。激情の人であり、激情の結果の決断だった。

三代目社長の輝子の目的は夫の遺志を継ぐことだった。それだけである。パン職人ではなかったから、パン作りの技術について、ああしろ、こうしろと指導したことはない。製造は部下にまかせ、自らは店舗を拡張した。満寿屋をパン屋から会社に変えたのは彼女だ。こうしてみると、四人のなかでもっとも経営者的なセンスを持った人間かもしれない。そして、彼女はおいしいパン作りというより、むしろ、従業員の生活を向上させることに心を砕いた。自分が持っているものすべてを従業員に捧げたのが輝子だった。

そして、雅則。四人のなかでは静かな経営者だ。一見、何に関心があるのかわからない。情熱の行方がどこに向かっているのかもはっきりとはしなかった。アメリカへ行き、コンビニチェーンの商品開発をし、八百屋をやり、満寿屋パンの催事販売に至る。徐々に発熱していき、健治と輝子の志を受け継いで国産小麦の百パーセント使用を自らの夢にしようと思い至っている。

雅則は納得するまでに時間がかかる。エンジンを温めるまでに時間をかけないといけないタイプなのだろう。

そんな慎重なタイプなのに、彼が社長を継いだ時の素早い決断は輝子や周囲を驚かせた。まったくの独断専行で社長に就任したのである。

二〇〇七年九月、満寿屋は輝子社長の下、音更店の開店十周年イベントのセールを行っていた。イベントのために「栗《くり》あん」のあんパンを特別に作って販売したのだが、客からクレームが入ったのである。

「このあんパン、ちょっと変な味がするんですが」

創業以来、満寿屋はただの一度も味と品質に関するクレームを受けたことがなかった。品質が劣化したパンを店頭に並べたことは一度もなかったからである。

初めてのクレームに輝子と雅則は衝撃を受けた。

「どうすればいい？　謝りに行こうか？」と輝子は雅則に訊ねる。

雅則はきっぱり言った。

「自分の責任ですから、僕が事態を収拾します」

栗あんのあんパンを企画したのは雅則だったのである。

彼の対処法は新聞に広告を載せ、パンを買った人たちに注意を促すことだった。

「栗あんの味がおかしいと思う方、弊社店舗にご連絡いただけますでしょうか。レシートや購入された後の商品をお持ちいただければ無償で新しい商品を差し上げます」

そういった内容の記事を載せることにした。打ち合わせのため、地元紙の広告部社員が訪ねてきた。雅則は「僕がやるから」と輝子を押しとどめ、ひとりで対応したのである。

その日の帯広は秋晴れで空が高く、非常に天気が良かった。

話の途中で、雅則は付け加えた。

「社長は私、杉山雅則です。社長になりましたから、私が責任者です。このたびはみなさんにご心配をおかけしました」

新聞社の人間が「母上が社長では」と当惑気味に言うと、雅則ははっきりと答えた。

「いえ、少し前に社長を交代しました。それに栗あんのあんパンを企画したのは私です。記事広告は会長名ではなく、社長の私の名前で載せてください」

新聞社の人間と話した後、雅則は輝子に話をした。

「企画の失敗に会長の名前は出せないので、独断で社長になると伝えました」

輝子は、ああ、息子は私のことを会長と呼んだ、だから、交代するんだなと思った。気に障ったこともなく、反対するつもりもない。それに、雅則がそこまで覚悟しているのだから、立派な判断だと思った。

「雅則、じゃあ、うちの会社と従業員をよろしく頼むよ」

三代目から四代目への引継ぎはこの瞬間に決まった。

社長の交代は本来なら役員会を開いて決めるものなのだろうけれど、満寿屋の役員は当時、輝子と雅則ふたりしかいなかった。立ち話で「交代しましょう」と言って、役員会は終った。

そこまでの決意をしてクレームに対処したにもかかわらず、商品を交換に来た客はひとりもいなかった。また、クレームを入れてきた客のあんパンを調べてみても、腐敗していたわけでもなかった。結局、案ずるほどのことはなかったのだが、それでも、雅則はいい経験になったと思った。食品を売っている以上、いずれは商品に対するクレームがやってくる。その時のための勉強になった。

何よりもこわいのは経営者、社員が油断することだ。食品製造業は信頼を得るには時間がかかるけれど、信用が失墜するのは一瞬だ。雪印乳業のような巨大企業でも、油断したり、事態を放置したり、そして、クレームへの対処を間違えたらあっさりつぶれてしまうのである。

「とにかく品質を重んじる。それが満寿屋だ」

社長になってからの彼の決心は「絶対にミスをしない」ことだった。

彼が帯広に戻ってから、パン業界の競争は激しくなるばかりだった。客のグルメ志向は高まり、あんパン、クリームパンを置くだけだった町のパン屋は商店街から姿を消していった。

バブルの頃から日本人は世界の食を貪欲に採り入れるようになり、北海道の田舎の町に行っても、パリのサンドミニク通りにありそうなビストロが店を開き、トスカーナの村にあるようなトラットリアがパスタやビステッカを提供するようになった。ブーランジェリーだって、東京や大阪だけに存在しているのではない。日本中のどこの町に行っても、バゲット、フォカッチャ、チャバタが手に入るのである。他国の食品がここまで浸透している国は世界中で日本だけと言っていい。

二〇〇〇年以降、パン業界ではフランス風のブーランジェリーが広まった。そして、ブーランジェリーなのに、バゲットやカンパーニュに特化することなく、焼きそばパン、あんパンを作るところもある。コンビニはパンの種類を増やし、季節限定、クリスマス限定などの季節商品、イベント商品を率先して売るようになった。なおかつ、レストラン、カフェといった飲食店が商売と割り切って店内でパンを製造販売するようになった。ケーキ店、菓子店もまたパンの製造販売に参入してきた。あらゆる店舗は持たず、ネット上でパンを売る店も出てきた。いまや、あらゆる店舗、ネット企業がパンを自社商品のひとつとして考えるようになった。いまや、

満寿屋のライバルはいたるところにいる。それに対して、優位な点は国産小麦を使用していることだ。

おいしいパンを作る店はいくらもある。天才パン職人もいる。どちらも続々と誕生する。

しかし、国産小麦だけでパンを作り、地元産の砂糖、酵母、素材を使う店は満寿屋しかない。

食品業、飲食業で成功するのに必要なことは、おいしい商品をこしらえることだけではない。どの店の主人も、「自分が作ったものはおいしい」と信じているのだから、他店との差別化要因にはならない。

だが、満寿屋は違う。安心安全を究極まで追求し国産小麦百パーセントを達成するためにわき目もふらず邁進《まいしん》してきた。満寿屋が実現するために時間がかかったと

いうことは、他社が追随しようとしても、これまた時間がかかる。十勝にいること、誰よりも早く国産小麦を目指したことが同社の優位点だ。満寿屋はおいしいパンもさることながら、「え、これぜんぶ国産なの！」という驚きを売っている。食品や飲食業で繁盛している店はおいしさだけでなく、小さな感動を売っているのである。

雅則は当時の仕事について、こう思い出す。

「二〇〇九年五月に『麦音』を開いた直後に、『麦音』、『めむろ窯』の二店舗は十勝産小麦百パーセントに切り替えることができました。他の四店舗でもあと少しだったんです。もう小麦の生産量は増えていたから品質も安定していました。大きかったのは『ゆめちから』という品種の登場でした。ゆめちからは超強力小麦で、これまでの国産小麦に比べてたんぱく質の量、質ともに抜群に高い品種です。うちがパンを安定生産するためには欠かせない小麦でした」

海外産から国産への小麦粉の切り替えは試作とレシピ作りの繰り返しである。まず少量の小麦粉でさまざまなパンを作り、仮のレシピを作成する。仮のレシピを元に多くの量を焼いてみる。そうして安定した商品ができれば、正式のレシピにする。菓子パンの生地から始めて、バゲットへ進み、最終的には食パンのレシピを作る。

二〇〇九年、同社ではバゲットまではほぼ全店舗で国産小麦のレシピが完成していた。しかし、食パンについてはまだ全品を替えるところまではたどり着いていなかった。発酵の膨らみは納得のいくクオリティになっていたけれど、食パンの色が望みどおりになっていなかった。

わたし自身、満寿屋で使う小麦粉、酵母、十勝の水を手に入れてホームベーカリーで食パン、バゲットを焼いてみた。バゲットにはモルトシロップまで入れた。本格的なパンにしたかったからだ。分量を配合してあとはスイッチを入れるだけという簡単な作業でパンはできあがる。完成したバゲット、食パンともに発酵は申し分なかった。香りも味も良かった。問題と思えたのはやはり色である。なんとなく、くすんだ色をしていた。食パンの場合、トーストにしてしまえば問題ないけれど、サンドウィッチにした場合、くすんだ色の食パンではハム、玉子といった具材をおいしく見せることはできないなと思った。

「どうすれば色を白くできるんですか」

杉山に聞いてみたけれど、笑って終りだった。おそらく、小麦の配合で色の問題を解決しているのだろうけれど、配合を決めるには試作を気の遠くなるほど行わなくてはならない。

パンの試作とレシピ作りの作業は、「一に忍耐、二に我慢、三、四がなくて、五に辛抱」といった気持ちにならなければやれないのだ。

満寿屋が地元産小麦使用百パーセントを達成するまでの最後の関門はやはり食パンだった。ただ、ゆめちからが登場してからは職人の作業も多少は楽になった。ゆめちからは従来の海外産小麦粉と大差ないほど発酵が進む。パン職人たちは発酵を気にせず、色、香りといったディテールの完成に力を尽くせばよかったのである。

全品地元産達成の日

満寿屋の食パンの名前は「熟力《じゅくりょく》」と言う。食パンとして売るだけでなく、白スパサンド、赤スパサンドなどのサンドウィッチ類にも使う。もっとも大量に生産するパンだから、何よりも原材料の品質が安定していなければならない。そのめどがついたのは麦音の開店から三年後、二〇一二年のことだった。

十月二八日の朝、本店の責任者から雅則に連絡があった。

「今日の午前零時に全品が地元産小麦に切り替わりました」

雅則は「ありがとうございます」とだけ伝えた。嬉しさがこみあげてきたとは言えなかった。パンは計画生産するものだから、その日に切り替わることはだいたいわかっていたのである。そして、その日だって、商品すべてが国産小麦製になったわけではなかった。サンドウィッチは前日の夜に焼いたパンで作ったものだったし、ラスクなどは二、三日前に作ったものだ。全店舗の棚にある商品すべてが切り替わるにはまだ一週間はかかると思われた。

それでも雅則は出社してきた輝子に「全品が地元産に替わりました」と報告した。

輝子も事情はわかっている。

「よかったね」

輝子は「お父さんに報告しなきゃ」とうなずいた。その日、輝子は早退して、音更町にある菩提寺《ぼだいじ》、浄信寺に墓参りに行った。花を供え、香を焚き、声に出して、先祖と健一とふみ子、そして健治に報告した。

「先祖のみなさん、お義父さん、お義母さん、そして、お父さん、やっと十勝の小麦百パーセントになりました。店のみんなが頑張ってくれたおかげです」

数珠を手にして拝む。嫁に来て、体調を崩したり、信頼していた従業員が店を辞めたり、いろいろなことがあった。それでも地元産小麦だけで店の棚を埋めることができた。地元産小麦百パーセントの商品を初めて売り出してから二三年が過ぎたかと思うと、知らず知らずのうちに涙が出てきた。

次の夢

地元産小麦百パーセント達成については地元紙の十勝毎日新聞がその前日に大きく報道している。

「パン製造販売の満寿屋商店は（10月）28日、全6店で使用する原料の小麦を全て十勝産にする。今年産から栽培が増えた超強力小麦『ゆめちから』と、同品種を混ぜてパン向けの小麦粉にするための他品種の作柄が良く、小麦粉を確保するめどが立った。同社の小麦粉使用量は小麦生産量換算で年700〜800トンあり、地場産小麦を地元で消費する地産地消の好例として注目される。

同社は1990年に十勝産をわずかに含む道産小麦の使用を開始。2005年に十勝産に取り組み、麦音店と芽室店では十勝産100％を達成した。

ただ、全店での使用は、パンに合う原料の確保が難しく、小麦粉の品質がパンの色や膨らみに反応しやすい食パンが最後まで残り、カナダ産『1C

W』を使用していた」

記事にあるように、最後まで苦労したのが小麦粉の確保だったのである。

さて、雅則が地元産小麦百パーセントになった実感を得たのは実は報告を受けた翌朝のことだった。

起きたとたん、「今日からはもう昨日の続きではない」と感じ、緊張し、体がこわばった。なぜ、緊張したかと言えば、いよいよ次の目標のためにみんなをそちらに向けていかなくてはならないという事実に直面したからだ。組織は目標がなければ、ただの集団で終わってしまう。ここまでの満寿屋がひとつの組織となってがっちりとスクラムを組んできたのは、誰もが栽培していなかった小麦を畑に植え、その小麦をパンにするという大きな目標があったからだ。

雅則は一応、プランは作ってあった。しかし、このプランでいいのか。全身にプレッシャーを感じた。彼にとって十月二九日は前日とはまったく違う意味を持った新たな日だったのである。

輝子さんの踊り

地元産小麦ですべての商品を作るようになってから三か月後の二〇一三年一月二九日、輝子と雅則は感謝の会を開いた。会場は帯広市内の北海道ホテルの宴会場、二階にある「大雪《だいせつ》の間」である。

招待客は伊藤弦輝、泉兄弟、津島、前田をはじめとする小麦の生産農家、野菜の農家、製粉会社で、迎える側は満寿屋の社員、ＯＢ、そして輝子、雅則をはじめとする杉山一家だ。

日頃は白と茶色の制服、作業服に身を包む社員たちも男子はスーツ、女子はドレスでメイクも決めていた。ドレスは色とりどりだった。しかも原色がほとんどである。帯広の人たちは色彩感覚が東京の人よりも原色志向なのだろう。

感謝の会は国会議員や地元議員の会とは違った。長々としたあいさつのない簡素なパーティで、冒頭、雅則が達成の事実をごく簡単にスピーチしただけである。

「昨年の十月二八日、全店の全商品を十勝産小麦百パーセントにすることができました。二代目社長の想いは二三年かかってやっと達成することができました。これもひとえにここにいらっしゃる十勝の生産農家さま、地域のみなさまのおかげです。

みなさんはほんとうにすごい。日本でその地域のパンが地元産小麦百パーセントで作られているのは十勝だけです。ほんとうにすごいことなんです。ありがとうございました。

混迷する日本社会を今後、どうしていくか。いかに打破していくか。私どもは道なき道を迷いながら進んでいきたいと思います」

拍手の後は生産農家の何人かがあいさつしたが、これもまた素っ気ないと言えるものだった。そして、歓談である。パーティ会場にある料理は北海道らしくカニ、エビ、いくら、ウニといった海産物が主体で、じゃがいも、とうもろこしといった十勝産野菜もあった。会場の一角ではジンギスカンも出ていた。ただ、もっとも広いスペースに並んでいたのは地元産小麦百パーセント使用の満寿屋パンである。前田や津島が作った小麦でできたパンには生産者の名前を記したカードが付けてあった。

日頃から食べ慣れているパンのはずなのに、なぜかゲストも従業員もトレイに山ほどパンを盛り上げてはばくばく食べた。

粋な演出だったのは乾杯の音頭である。企業のパーティであればたいていは地元出身の国会議員、道会議員、市町村会議員の老人がやるのだろうけれど、満寿屋の大切なパーティで乾杯の音頭を取ったのはOBの山本トシエだった。離農して満寿屋に勤めた女性である。

山本は緊張したのか、なかなか言葉が出てこない。

「満寿屋のさらなる、さらなるご発展をお祈りして、えー、乾杯。……ごめんね、言葉がつっかえちゃって」

それでも、とても感じのいい乾杯だった。その後のスピーチも主役は元従業員たちである。偉い人のスピーチはない。

「二代目社長（健治）は情熱がある人で、工場の仕事が終わった後、私たちのところに来て、パン業界や将来について一生懸命、話してくれました。だから十勝の小麦でパンはできる、いつかは達成できると思っていました」

「輝子社長の時代も店を増やし、みんなで頑張りました。いまは楽しい思い出しかありません」

「わたしたちが嬉しかったのはいまの社長（雅則）が東京からお嫁さんを連れて帰ってきてくれたことです」

パーティに出席していた雅則の妻、恵子はみんなの視線が集まったことに照れて、ぺこりとお辞儀をする。

スピーチが終わった後は余興である。社員がそれぞれ出てきて、唄を歌う。社員旅行で温泉に泊まった団体のようなノリだ。

パーティのなかで、もっとも盛り上がったのは輝子が常務の篠原義人と製造部長の村瀬晴夫を引き連れてステージに上がった時だった。

輝子は農家の嫁の扮装《ふんそう》だ。麦わら帽子をかぶり、踊りながら現れた。昔は女優だっただけに、堂々としていて、少しも緊張の色はない。満面の笑みで、常務と製造部長が及び腰だったのとは対照的である。

曲はオヨネーズの「麦畑」。満寿屋のパーティにおける余興はどこまで行ってもパンではなく、地元産小麦がテーマであり、主役だった。

最後に感極まった輝子があいさつをした。

「先々代社長の杉山健治は地元産小麦への想いを持っていました。うちのパンは地元の小麦で作るんだと情熱を持って語っていました。ここにいらっしゃる生産農家のみなさまのところへ押しかけていって、小麦を作ってくれと頼んで歩きました。私もまた夫の遺言ですとみなさんのところに押しかけました。

そうして、やっと満寿屋のパンは十勝の小麦になりました。百パーセントを達成することができました。これからもまた信念を持って、謙虚に、感謝の気持ちを持って働いていきます。

（従業員に向かって）

みんな、ありがとう。OBのみんなもありがとう。現役の子たちはパーティが終わってまた仕事だけれど、でも、頑張ってね。あなたたちは私の誇りだから。パンの製造現場だけでなく、販売のみんなも私の誇りだから、頑張ってみんなでパン屋さんをやっていこうね」

さすが、元女優だから、セリフ運びも声の通りも雅則より圧倒的に上手だった。

第9章

パンを食べない人々

大量生産とマネー

第8章で少し述べたけれど、商店街にある普通のパン屋が消えつつあり、その代わり、シニフィアン シニフィエのような本格的ブーランジェが出店している。ただし、いま人々が食べるパンのうち、量ではスーパー、コンビニのそれがもっとも多い。そもそも店舗数が違うのである。そして、コンビニ、スーパーで売っているパンの大半はイーストフード（発酵促進剤）が入った速成パンだと思っていい。

では、速成されたパンとはどういったものなのか。それは杉山雅則がアメリカの製パン学校で習った「ノータイム・ドウ《生地》」と似ている。

ノータイム・ドウは小麦粉と水を合わせた生地をこねたものではない。まず、水にイースト、イーストフードを混ぜたパーマイーストという発酵液を作る。それを小麦粉に吹きかけて生地を作る。こねるのはそれからだ。こねる時間もわずか数分である。その後、成型。しばらくの間、寝かせてから焼く。通常なら数時間はかかる発酵がこの方法だと一時間程度で済む。シニフィアン シニフィエの志賀ならば発酵に七二時間かけることもあるのに、イーストフードを使っている大量生産のパンはごく短時間で発酵させてしまうのである。

そうしてパン製造のリードタイムを短くすれば、その分、早く市場に出すことができる。製造時間が長ければ金が眠ることになるが、短時間で作ってしまえば金が早く戻ってくる。だから、スーパーやコンビニで売っている大量生産のパンの多くにはイーストフードが入っている。

イーストフードの使用とともに増えているのが品質保持期限を延長させる調整剤の存在だろう。『戦争がつくった現代の食卓』（アナスタシア・マークス・デ・サルセド　白揚社）には、次のような記述がある。

「今日では、スーパーマーケットで販売されるパンのほとんどで調整剤として微生物由来の酵素が添加されている。特によく使われる細菌由来酵素は、食感を柔らかくし、かさ高を増やし、焼き色を加え、品質保持期間を一～二週間ほど延ばすことができる。工場生産する製パン業者にとって、これは大きなメリットとなった。一九六〇年代以降、消費者のあいだで化学添加物に対する不信感が強まり、政府は食品添加物への規制を強化している。酵素は残留物がほとんど生じない加工助剤なので『クリーンラベル』、つまりパッケージの成分表示に記載しなくてよいものと見なされた」

ただし、ここに書いてあるような食品の工業化は何もパンに限ったことではない。チーズ、ビール、ワイン、納豆、日本酒など他の発酵食品についても発酵時間を短縮し、賞味期限を延長するために企業は研究を重ねている。また、発酵食品に限らず、調理時間を短縮した食品も次々と登場している。一昔前までパスタは少なくとも十分は茹でるものだった。いま、スーパーへ行けば二分、三分という早茹でパスタが商品棚に山積みになっている。「便利だな」と思って、ついつい買ってしまうけれど、そこには速成のための技術が使われている。

結局、パン業界におけるもっとも大きな問題は工業化された速成パンが日々、増えていることだろう。グルメジャーナリズムは「おいしいパン屋」特集はやるけれど、速成パンの実態を報道することはない。大手製パン企業は広告主だから、わざわざ刺激するような記事は出さないのである。一般の人々はこんな具合にパンが作られているなんて想像もしていないだろうが、事実はこの通りだ。ただし、速成パンを食べたからと言って、健康にかかわるわけではない。味わい、香りが昔ながらのパンとはまったく違う製品で、調味料、香料で味がメイクアップされているものだ。それを果たしてパンと呼べるのか。ノータイム・ドウのパンは本当のパンなのか。わたしは疑う。

意識高い系の食事

速成パンはパン業界の問題だけれど、視点を消費者に向けると、ある徴候が見られる。パンを食べない人たちが現れていることだ。

雅則に聞いたところ、「残念ですけれど、事実です」と言った。

「世界的に見ると、欧米ではパンを食べなくなる傾向が強まってきています。炭水化物を摂るのを抑えて、雑穀とか米を食べる人たちが出てきていることもあるし、グルテンフリー・ダイエットをする人も多い。パンの消費も世界的には増えていません。先進国では横ばいか、むしろ減少しています。日本は微増です。たとえばグルテンフリーの問題ですけれど、実際、どうしてグルテンがいけないのかはよくわかってはいません。しかし、そのダイエット法をやる人は増えています」

グルテンフリー・ダイエットとはグルテンを摂取しない食事方法であり、グルテンを含まない食品のみを食べる。テニスのノバク・ジョコビッチ選手が実践したことで注目が集まった。ジョコビッチはグルテンフリーの食生活を行った結果、体質が変わり、成績がアップしたと明かした。

グルテンフリーはそもそも、グルテンアレルギーの人、さらにたんぱく質を摂ってはいけない人のための食事療法だった。また、腸の機能障害であるセリアック病の人もグルテンフリーで症状を軽減している。セリアック病は欧米では一パーセントの人がかかる病気と言われているが、日本ではまだはっきりとした数字は出ていない。

グルテンはパンを膨らませるために絶対に必要な小麦の成分なのだけれど、腸内の悪玉菌を増やす作用があるとされている。そのため、摂りすぎると消化不良、便秘、下痢などにつながるともされる。ただし、グルテンフリーの食生活が健康に与える影響について、医学的な証明がされているとは言えない。

それでも、欧米の〝意識高い系〟の人たちにとって小麦、グルテン、粉食のイメージは良くないようだ。米、雑穀の粒食が現在の健康な食生活の先端とされていて、欧米の雑誌やウェブには米や雑穀を食べる記事が数多くある。もっとも、おいしくパンを食べる記事だって、それと変わらないくらい、載っている。

この辺の文章は文末が「されている」のオンパレードで書いていて気恥ずかしいところがある。言い訳になるが、専門書を開いても、文末は「されている」「はっきりとした証明はない」だ。あるいは注釈に「この説が広く支持されているわけではない」と書かれてあったりする。そこで、わたしもこれ以上は踏み込めないのである。

思うに、パンの本場である欧米でパンを食べなくなったり、グルテンフリーに傾斜する人々が出てきた理由には大量生産の速成パンの存在が大きいのではないだろうか。パンと呼べない速成パンが大量に出回りつつある現在の状況に警鐘を鳴らす徴候だと思われる。業界が利益率の高い速成パンを追求し続けると、そのしっぺ返しがやってくることになる。そして、それはパンに限ったことではない。

日本のパンとパン屋のゆくえ

世界のパンの状況に合わせて、日本のパン業界、消費者もまた変わりつつある。

わたしが話を聞いたのは北海道の江別製粉で働いていたパンのエキスパート、佐久間良博と社員の山口小百合だ。

佐久間は満寿屋の健治とも付き合いがあり、十勝産小麦についても詳しい。山口は特に全国のパン専門店の動向に詳しい。

ふたりに話を聞くまで、わたしは全国のパン屋全体の数は減少しているものとばかり思い込んでいた。全国の駅前商店街にあった精肉店、青果店、鮮魚店が数を減らしているのだから、パン屋もまた右に同じと考えていたのである。しかし、どうやら事情は少し違っていたようだ。

佐久間は教えてくれた。

「パン屋さんというものをどう定義するかですね。町のパン屋さんは減っています。後継者がいないから続々、廃業している。ただ一方で、新規参入も結構あるんです。パリのブーランジェリーで修業してきた若い人が店を始めるケースも多い。それと、コンビニです。店舗数が増加しているし、パンの種類を増やしたり、季節限定パンを出したりしている。いま、消費者が町のパン屋さんと感じているのは実はコンビニですね。

あと、デパ地下ではパン屋さんが目玉店舗になっていますから、ここもまた出店が多い。それから駅の構内です。東京駅と周りの地下街でパンを売っている店が何軒あるかを数えた人がいるんですが、千には届かなかったけれど、八百か所以上はあったそうです。東京駅構内にはベーカリー、ブーランジェ、カフェ、レストラン、コンビニ、売店、弁当店が数えきれないくらいある。新宿、渋谷をはじめとする大きな駅にもあるでしょう。加えて、新しい傾向としてはアパレル企業がパリのパンのブランドを持ってきてチェーン化を始めています。町のパン屋さんは減ったけれど、パンを売る場所は増えているのが今の日本です」

山口が補足する。

「新しくできたパン屋さんのなかには一種類のパンに特化したところがあります。たとえば、食パン、コッペパンだけの店とか。フレンチトーストだけの専門店もできています。あと、消費者の好みの傾向ですけれど、バゲットなどのハード系よりも、むしろやわらかいパンの方が人気だったりします。日本社会は高齢化しているでしょう。硬いバゲットは年配の方には不人気なんです。

日本人は欧米人よりも唾液が出る量が少ないらしく、それもあってあんパン、クリームパンといったしっとりした菓子パンを好むようです」

日本人の唾液の量が少ないと聞いたのは初耳だった。ネット検索すると、「欧米人の唾液量は日本人の三倍ある」などという記述があった。だが、はっきりとした出典はない。根拠はないけれど、わたしもうなずくところはある。

山口が付け加えたのは「いまは何度目かのパンブームの真っ最中です」という言葉だった。そのパンブームを支えているひとつの要素が「国産小麦を使ったパン」

だという。国産小麦が安心安全だとされていることに加え、日本の小麦は海外産小麦よりも保水力を持っている。そのため、パンにして焼いたものを食べると、もちもちとした食感になる。これはわたしも何度も体験している。

唾液の分泌量とも関係するけれど、一般的に日本人が好きな食感とは硬くてパサパサしたものではなく、しっとりとしてもちもちした感触だ。

佐久間は「パリのバゲットは、日本人には硬くて食べにくいと思います」と言ったが、それもまたうなずける。

つまり、国産小麦粉を使ったパンは消費動向としても、受け入れられつつある。とはいっても、まだ一般の人は「小麦に国産と海外産があるの？」といった程度の認識ではないか。

さて、山口の話は続く。

「パンブームの背景には、パンの価格がケーキよりも安いことがあるように思います。少し前まではパティスリーがブームでしたけれど、ケーキってひとつが七百円、八百円という値段でしょう。毎日、気軽に買えるわけではありません。お菓子は非日常なんですよ。それに比べるとパンの値段はせいぜい三百円くらい。残ったとしても冷凍しておけば食べられる。フレンチトーストに加工したりもできる。リーズナブルな値段で贅沢感《ぜいたく》を味わえるのがパンなんです。

もうひとつ、自分でパンを作る人が増えています。パン教室に行く人もいますけれど、私はポータブルなホームベーカリーが登場したことが大きいと思う。ホームベーカリーを持っている人は意外に多い。そういう人たちが海外産の小麦粉から国産の小麦粉に目を向けるのは自然なことと思います」

確かにホームベーカリーを持っている人は「意外に」多い。自分で買うこともあるけれど、結婚式の引き出物とかゴルフコンペの商品でもらったことのある人もいるだろう。一台が一万円くらいのものもあるから高いものではない。

ホームベーカリー、つまり家庭用パン焼き器は日本独自の発明である。発売は一九八七年。松下電器産業（現パナソニック）が製品化した。米が不作の年（一九九三年）には年間に八十万台が売れたこともあったが、現在は各社あわせて二十万台が売れている。

そして、わたし自身、ホームベーカリーを持っている。買った当初は毎日のように、食パンやフランスパンを焼いた。他にも機能があるから、餅も搗《つ》いたし、パスタ生地、ピザ生地も作った。しかし、一通り試したら、そこでおしまいだったのである。いつの間にかキッチンの奥にしまい込んで、そのままにしていた。ホームベーカリーに限らず、キッチンの隅っこにしまい込んだものを再び出してくることはほぼない。しかし、今回、わたしも引っ張り出して、国産小麦粉でパンを焼いてみようと思った。満寿屋の職人の苦労の一端を知るにはもってこいだなと思ったからだ。

米粉パンというもの

わたしが持っているホームベーカリーは二〇〇九年に購入したもので、パナソニック製である。十年間におそらく二十回くらいは使用したと思われる。確か一万数千円で、ネットで買ったと思う。

当初、ホームベーカリーは輝いて見えた。焼きあがったばかりの食パンをちぎって、「あちち」と言いながらバターをたっぷりつけて食べるのはおいしかった。焼き立てのパンは熱が残っていたし、ふわふわだったから包丁が入らない。少しずつちぎって食べるしかなかった。

今回もう一度、使うためにあらためて取扱説明書を読んだ。ホームベーカリーの守備範囲は広い。各種のパンを焼くことができるし、また、それ以外の小麦粉製品にも使える。また、もち米を蒸して餅を搗くこともできる。食パンからフランスパン（バゲット風で皮が食パンより硬い）、デニッシュ、メロンパン、米粉パンとなんでも焼ける。ただし、形はすべて同じで、フランスパンだったら、食パン風の形のそれができる。バゲットの形にはならない。バゲットにしたいのなら、ホームベーカリーで生地だけを作って、オーブンで焼く。バターロール、あんパン、クロワッサン、ドーナツ、ケーキ、ピザも同様だ。

ちなみに取扱説明書の米粉パンの作り方には小麦由来のグルテンを添加した場合と、グルテンなしの米粉だけで作るケースのふたつが紹介されていた。

市販のグルテンなしの米粉パンの場合は一般に酵母の他にグアーガム、キサンタンガムといった増粘剤を入れるらしい。しかし、わたしのホームベーカリーの取扱説明書には増粘剤の記述はなく、もち粉と水あめを使用するレシピが記載してあった。このふたつが増粘剤の代わりとなるのだろう。しかし、わたしは結局米粉パンは作らなかった。米粉を買っても、おそらく何度も焼くことはないと思ったので、専門店を探して、買いに行くことにしたのである。

米粉パンの専門店に行ってみたら、客層は満寿屋と似ていた。子育てママと子どもである。ただ、店内は狭いからベビーカーが三台も入るといっぱいになる。米粉パンは十数種類あった。食パン、あんパン、カレーパンなどで、バゲットは見当たらなかった。他にシフォンケーキのようなスイーツが数種類あった。

バゲットがなかったのは、ボリュームのあるパンは米粉には向かないせいかもしれない。その証拠に食パンはいずれも小型だった。小麦のそれに比べると七割くらいの大きさしかない。おそらく米粉では膨らみが足りないから小型にせざるを得ないのだろう。

米粉の食パンを買って帰り、魚を焼く網でトーストしてバターを塗って食べた。わたしはポップアップトースターもオーブントースターも持っていないので、グリルの網かフライパンで焼いている。買わない理由は置く場所がないからだ。普通のオーブン、電子レンジはある。それ以上の機器を置くスペースはない。

焼いたばかりのものにバターを塗って口に入れてみる。食感は小麦のパンとあまり変わらない。ふわふわしている。ただ、香りはない。誰が食べても小麦のパンとは違うなという印象を持つだろう。

小麦アレルギーの人、グルテンフリー・ダイエットをやる人が買うのはわかる。しかし、そうではない人間は小麦のパンを買うだろうなと思った。わざわざ米粉パンを買わなくとも、パンは小麦のもので十分だと思うからだ。

わたしが作ったパン

わたしは食パンとフランスパンを作り、あんパンは挫折した。使った小麦粉は国産の「キタノカオリ」である。ネットで買うと二・五キロが一二〇〇円程度だった。ホームベーカリーで作る一回分は小麦粉にして二五〇グラムなので、十回分である。一回分の小麦粉代金は一二〇円になる。他に使う、砂糖、塩、バターなどの代金はそれほどではない。二五〇グラムの小麦粉からは一斤（三七〇グラム）の食パンができる。パンをたくさん食べる家庭ならばホームベーカリーはお得で、お値打ちな機械と言える。水は十勝産のミネラルウォーターで、酵母は満寿屋と同じ日本甜菜製糖のドライイースト「とかち野酵母」だ。バターとスキムミルクはこちらも同様にあすなろファーミング製にした。塩は自宅にあったフランス産の岩塩。

さて、ホームベーカリーを使った製パンで、わたしがやることは材料を計量することだけだ。家庭用の秤《はかり》で重さを確認し、小麦粉、水、砂糖などを投入。ドライイーストをイースト容器にセットすればそれでおしまいである。食パンなら四時間、フランスパンなら五時間でできあがる。レシピは満寿屋のスタッフにも書いてもらったけれど、付属の取扱説明書のレシピでの分量とほぼ変わらなかった。フランスパンの製パン過程で、わたしがちょっと工夫したのは、ネットで売っているモルトシロップを手に入れて追加したことだけ。

「パンを作った」と説明してきたけれど、考えてみればおこがましい。こねるのも発酵させるのも、焼きあげるのも全部、機械がやってくれた。ものすごく楽なことだけれど、生意気を言わせてもらえば、まったく達成感がない。パンを焼いた、何事かを成し遂げたという充足感はない。仕事をしたのはホームベーカリーで、わたしは材料を提供しただけ。要するに機械の下働きである。

けれどもできあがりは完璧だ。ほかほかのそれをちぎり、バター、クリームチーズで食べれば一斤はイケる。冷やした白ワインにも合う。バターを攪拌《かくはん》して、ホイップクリームのようにしたものを載せると、さらにいい。

しかも、製造途中にごほうびがある。生地を焼くのに三十分くらいかかるのだけれど、その間、家のなかにパンが焼ける香ばしいにおいが広がる。においをかいでいるうちに、空腹になり、ますますできあがったパンはおいしく感じられる。

キタノカオリのパンで気になる点があるとすれば、それは色だ。食パンでもフランスパンでもできあがりは真っ白なパンにはならない。灰色がかった色になる。モルトシロップを加えたフランスパンは自画自賛できる味になった。ただし、モルトシロップの糖分が利いたのか表面は少し焦げた感じになった。その代わり、モルトの風味が合わさって、フランスパンは本格的な仕上がりになった、と信じている。

ただ、モルトシロップを控えめにしておいてよかったとも感じた。「もっとたくさん入れてやれ」「そうしたら香ばしさが増すだろう」と大量投入していたら、真っ黒に焦げたフランスパンになっただろう。ホームベーカリーで食パン、フランスパンといった基本のパンを焼く時は、取扱説明書にあるレシピを遵守した方が失敗はない。

あんパンは失敗して挫折した。レシピは札幌で北海道小麦を使った人気のパンアトリエを主宰するアトリエタブリエの森本まどかのものを手に、勇躍製造にとりかかったのだが、結論から言えば、あんをパン生地で包むところがまったくダメだった。

ちなみに、わたしがトライした森本のレシピは次のようなものだ（レシピを見る前に、まずは参考としてホームベーカリーの取扱説明書に載っている「食パン」レシピの材料表を見ることを勧める)。

ホームベーカリーの「食パン」材料
強力粉　二五〇グラム
バター　一〇グラム
砂糖　一七グラム　大さじ二杯程度
スキムミルク　六グラム　大さじ一杯程度
塩　五グラム　小さじ一杯程度
水　一八〇ミリリットル
ドライイースト　二・八グラム

この二・八グラムは「どうやって計るんだろう」と思ったけれど、ドライイーストはたいてい五グラム入りの小袋に入っているので、半分よりやや多めに入れればいい。

さて、一方の、こちらは「あんパン」の材料である。

強力粉　二四〇グラム
薄力粉　六〇グラム
バター　三〇グラム
ドライイースト　五グラム　耐糖性あるもの
砂糖　六〇グラム
塩　四グラム
スキムミルク　九グラム
水　一六二ミリリットル（これまた計るのが面倒くさかった）
卵　三〇グラム

びっくりするのは、あんパン生地に入れる砂糖の分量だ。食パンの三倍くらいも使うのである。ドライイーストのところに耐糖性と書いてあるのは、砂糖が多くても発酵させる力を持つ酵母という意味だ。

生地がすでに甘いことに加えて、小豆あんにも、当然、砂糖が入る。小豆あんを作る場合、二〇〇グラムの小豆を煮るとしたら、同量の砂糖がいる。卵二個で作るカスタードクリームだったら満寿屋のレシピでは砂糖は一五〇グラムも入る。

どうだろう。そんなことでいいのか……。

わたしは「砂糖の塊じゃないか」と疑問を感じつつ、それでもあんパンの生地は作った。計量してホームベーカリーに投入し、「パン生地」というコースのボタンを押すだけだから、一時間ほどで生地はできる。

その後、あんパンなら、あんを包み、仕上げ発酵（五十分）させてから、二二〇度のオーブンで十分から十一分焼けばいい。

わたしは淡々と仕事を進めた。次は小豆あんだ。小豆を煮て、砂糖を加えた。それでも、気分は晴れない。

「やっぱり砂糖の塊じゃないか」

砂糖をスプーンですくって口に運ぶのと変わらないじゃないか。そこまでして、あんパンを食べなくてはいけないのか。もう、あんパンを食べるのはやめよう。自分で作ったのをひとつ食べておしまいにしよう。

しかし、そこからがまた面倒だったのである。レシピには「生地を伸ばして、あんを包む」と書いてあったけれど、素人は絶対にできない。

「生地をめん棒で均一に伸ばす」ことがすでに実行不可能である。多少の凸凹に目をつむって生地を作り終え、「丁寧に包む」わけだが、これまた難易度が高い。生地が薄くなっているところからあんが飛び出してくるから、パッチワークのように補修しなければならない。見てくれが悪い。作戦を変えた。餃子《ギョーザ》の皮を作る要領で、生地全体を平らにして、口の大きなガラスコップで型抜きしたのである。しかし、餃子の皮とパン生地では粘度が違う。パン生地が、手にまとわりつく。発酵して膨らんでいるから始末が悪い。パン生地を思い通りに扱うには回数を重ねるしかない。熟練しないと菓子パンの成型はできない。型抜き作戦でもやはり均一に平たい生地はできなかった。

時間をかけても、それ以上の形にはならないと思ったので、オーブンに入れてふたつだけ焼いた。あとはもったいないけれど、生地は捨てて、あんだけ残した。できあがりは考えたくもないというものだった。不格好で、火の通りが均一ではない。焼く前の生地をきれいな半球にしないとうまく焼けない。

わたしはここで初めて満寿屋の職人たちが国産小麦と格闘した時の絶望感を理解することができた。膨らみが中途半端のパンを焼いても、おいしくもなんともないのである。そして、成型でも、日頃のパン生地と少しでも感触が違ったら、同じような形にならない。そういう意味ではあんパンの試作に失敗したことはわたしにとってはよかった。これからは身の程をわきまえて、食パンとフランスパンだけを焼こうと思った。菓子パンなどをきちんと作るには知識を持っているだけでなく、何度もやらなくてはできない。そして、数回は失敗する。小麦粉は安いものだけれど、食べ物を粗末にしたくないから、失敗することがわかっているパンをもう一度作ろうとは思わない。

第10章

国産小麦と海外産

安全と安心の真実

満寿屋の二代目、杉山健治の夢は「十勝産の小麦粉でパンを作ること」「店舗の棚すべてを地元材料で作ったパンで埋めること」だった。三十年近い時間はかかったけれど、健治、輝子、雅則三人の懸命な努力で夢は実現した。

努力と献身で手に入れた「国産小麦粉のパン」という価値。食品における国産という価値は、計り知れないほど貴重なものになっている。

しかし、もう少し距離を置いて考えてみると、国産の食品が持っている価値とはどういった種類のものなのだろうか。食品にもよるだろうけれど、国産は海外産よりも、一般的に安全で安心なのだろうか。それは一種の定理なのだろうか。

国産食品と海外産食品について、冷静に語ってくれる人を探した。この人ならと思ったのは原田英男である。彼は元農水省の畜産部長だ。牛、豚、鶏肉を扱うセクションで、それぞれの自給率は四二パーセント、五一パーセント、六七パーセント（二〇一四年）。国産と海外産の比率が拮抗《きっこう》している分野だ。ただし、カロリーベースの自給率は違う。カロリーベースには餌の自給率もかかわってくる。牧草を食べる牛の場合、餌は七八パーセントが国産。豚と鶏に関しては飼料はほぼ海外産である。つまり、豚と鶏は国産肉とはいえ、海外から餌を輸入しなければ成り立たない。原田がいたセクションでは国産と海外産の食品について、どちらの言い分もよく聞いて判断することにしていた。

彼は、国産と海外産の食品の価値を考えながら仕事をしてきた男である。

原田は一九五六年生まれ。北海道大学農学部を出て農林水産省、入省。技官出身で畜産部長になったのはかなり珍しい。

今は農水省を退官して一般財団法人畜産環境整備機構の副理事長を務めている。

「私は一九八〇年に農水省に入ってずっと畜産畑でした。地方の県庁に出向したときも畜産の担当。農水省のなかで消費・安全局って別の局に行ったときも動物衛生課長。ただ、北海道大学にいた時は農学部で大豆の研究をしていたんです。農産品の研究でした。ですから大学時代から帯広にもずいぶん行ってました。小麦畑も見ていますから、満寿屋さんについてもよく知っています。

国産食品と海外産食品の話の前に、農水省の構造を話しておきましょう。農水省で事務次官まで行くのは私のような技官でなく東大法学部か経済学部を卒業した人で、事務官です。私は技官として十年ぶりに畜産部長になった。珍しいケースですね。

つまり、私が言いたいのは、農水省は、ある分野のスペシャリストをトップにする気はないということ。まあ、どこの役所もそうかもしれませんが。

次に、技官のなかでも省内の序列で言えばトップは農産部の米の担当です。それから畑作の担当。それも、小麦、豆、野菜、果樹と順番は決まっている。そのまた下に来るのが花卉《かき》。食べられない園芸の草花担当です。ただ、面白いことに、海外への輸出が増えているのは野菜、果樹、花卉といったところです。役所があまりうだと言わないジャンルの方が頑張っているわけです」

さて、本論である。国産の食品の方が海外産よりも安全なのだろうか。

原田は、うなずいた。

「安全という意味では、国産のものでも海外のものでもほぼ同等です。ただし、安心を求める人は、安全以上のものを求めている。安心には感情が入ってくるから、いくらデータを示しても、首肯しない人はいる。豊洲《とよす》市場の問題と一緒ですよ。豊洲なんて、誰が見たって安全性をクリアしている。安全という意味では築地より安全です。衛生水準を考えれば、比較になりません。だって、築地にはほぼ冷蔵庫がなかったんです。発泡スチロールの箱に氷を詰めて魚をぽんぽん置いていただけ。

それに比べれば閉鎖空間で冷蔵設備が完備されている豊洲の方がもちろん安全です。地下の水から検出されている金属類だって、飲むわけじゃないから、環境のなかで見ればほとんど問題ありません。翻って言えば、国産でも海外産でも日本の市場に出ているものはほぼ安全です。ただし、安心となるとそうはいかない。ほんの少しでも不安を感じたら、その商品をもう安心と感じることはできない。安全と安心は別ものです」

　ということは、ポストハーベストも安全ではあるが、安心できないという範疇《はんちゅう》に入るのだろうか。

「輸入されてくる穀物にポストハーベストをかけるのはカビの問題ですね。害虫予防の場合もあるけれど、多くはカビ予防です。カビのアフラトキシンは猛毒ですから。それでポストハーベストをかけるのだけれど、使用する薬剤は日本では農薬としてカウントされていなかったりする。それもあってポストハーベストは、畑で使っている農薬と比べると安全性で同等と言えなくなる。それで不安が残る。

　国内の輸送段階でポストハーベストをかけないのは畑で使う農薬の基準で考えているからです。農薬はポストハーベストのように貯蔵期間中の腐敗を防ぐためには使えない。たとえば保管中の果物、ラ・フランス、バナナのようなものを追熟させるためにエチレンガスを使うことはある。しかし、エチレンガスは植物ホルモンですから薬剤ではありません。国内では保管は冷蔵設備でするのが当たり前で、防腐剤的な薬剤を使って長もちさせることはありません。つまり、日本国内で、そもそも使う必要性がないから、ポストハーベストについては申請されないし、認可もされません」

ポストハーベストは危険だからではなく、冷蔵で保管、輸送するという代替手段が確立していて使う必要がないから認可されていないのだ。

ポストハーベストがすなわち危険とは言いがたい。ただし、日本では「認可」されていないから不安が残る。ここまでの説明をちゃんと聞いたことがある消費者はそれほど多くはいないだろう。だから、ポストハーベストについては不安になってしまう。もちろんわたしもそうだ。では原田の説明を聞いて、不安が払拭されたかと言えば、そうでもない。日本の検査機関が徹底的に調べていないものに対しては「ちょっと待て」と思ってしまう。そこで、ポストハーベストをかけている海外産小麦に対しては安全が確立されていないと考えてしまう。もし、これが原麦を冷蔵設備で輸送する体制になったら、消費者の不安の九割は払拭されるだろう。

一方、慣行農法における農薬の存在について、原田はどう考えているのか。彼の話の文脈からすると日本国内で許されている農薬は安全だ。だが、消費者が「安心」するための論拠はあるのか。

「農業を自分でやってみれば農薬の価値に気がつきます。北大時代、私らは自分たちで実験作物をやりました。私自身は大豆をやっていたんですけど、農薬を使わなかったら、全然、実ができなかった。実験にもなりません。まず、芽が出た途端に、芽を食い散らかす虫にやられる。育ってきた後はいろいろな病気にやられる。無農薬をやった学生はみんな失敗しました。いま、私自身は家庭菜園をやっています。それでも無農薬では無理です。日本は高温多湿だから虫と病気にやられてしまう。ヨーロッパのように湿度が低くて冷涼ならば無農薬もやりやすい。冷涼であれば虫も病気も出にくいからです」

農薬を使わない農業を、ヨーロッパでやるのと日本でやるのではまったく条件が違う。日本で農薬をまったく使わずに農作物を作ろうと思ったら、経営者、家族、従業員にはよほどの覚悟がいる。

農薬は基準内の使い方をしている限り、安全だし、なくては作物はできない。これが前提だ。では、「安心」を得るためには何をすればいいのか。それは生産者よりも、むしろ消費者の行動だと原田は言う。

「生産地へ行き、生産者の顔を見る。話をする。そして、自分が知り合った生産者から米でも野菜でも買うことです。近所のスーパーに行って、店員さんに『これは安心な野菜なのか、おいしいのか』と詰問するよりも、実際に見に行く。

私は現場を見てますから、働く人の姿が目に浮かぶ。国産にせよ、海外産にせよ、自分で見たものを食べるのがいちばん心が落ち着くんですよ。完全な安全を求めようとするならば自分も努力しなければならない。私自身は国産を応援しますけれど、海外産を排除してはいません。中国産だって、日本向けの野菜農場は日本とまったく同じ基準でやってますよ。安全です。でも、一般の中国産はちょっと、ね」

フランスのボルドーやカリフォルニアのナパに行ったとする。あるいは小樽《おたる》でも長野でもいい。ぶどう畑を歩きワイナリーで醸造過程を見学すると、ついついそこのワインを買ってしまう。他のワイナリーよりもそこのワインが安全だという保証はない。しかし、自分が見た場所で自分が見た人が作っているものだと、安心を通り越して好意を持ってしまう。安心とはそういうものだ。人から得た情報だけで安心を手に入れるのは難しい。食の安全は法律、基準がカバーしてくれるけれど、食の安心は主体的に行動して、考えるしかない。

原田は言う。

「私自身は国産品を応援しますが、自給率を上げるためにという理屈は間違っています。

日本人は米でもパンでも、一番いいものを食って、そのうえ肉も魚も欲しいわけでしょう。そんなもの、国内で全部作れるわけないじゃないですか。ヨーロッパの国々の人々は何百年と同じ食生活を続けている。自国で生産できる食料品を食べています。無理のない食生活だから別に余分なものを外国から入れないわけです。だから、自給できる。しかも彼らは自給率を上げようなんて考えていません。足りないものは隣から輸入すればいいと思っている。しかし、無理がない生活だからわざわざ輸入するほどのことはない。

そもそも『自給率』という概念、食料安保という概念は農水省が自分たちの権益を守りたいから主張しているんです。予算も確保したいし、農地も確保したい。二〇一七年の日本の食料自給率は三八パーセントです。農水省は『アメリカ、ドイツ、フランスよりも低い』と主張しているけれど、国民が食べているものがまったく違うんです。日本人ほど世界中のおいしいものを食べている国民はいない。それで完全自給しようなんて、前提が間違っている。どこの国でも余ったものを輸出して足りないものを輸入している。結局、国産だから安心、海外ものだから不安という気持ちは『自給しなければならない』という農水省の宣伝から生まれているとも言えます。自給しようと思わなければ国産も海外産も消費者は同じ食品として受け取るでしょう」

実は原田は満寿屋の国産小麦のパンを何度も食べている。そしておいしいと思っている。

ただし、帯広の国産小麦のパンが、ちゃんと十勝のブランドになっているのだろうか、とも考えている。彼は牛肉を例に挙げた。

「ブランド牛肉ってたくさんあるように思うでしょう。でも、ちゃんとしたブランドは松阪、但馬《たじま》、米沢、近江《おうみ》。この四つしかありません。四大ブランドを超える牛肉はなかなか現れない。

まず、この四つは地元の人が昔から食べている牛肉です。しかも、それぞれ地方独特の食べ方がある。このふたつの条件が満たされない限り、食品は本物のブランドにはならない。松阪でも米沢でも、その地方独特の牛肉の食べ方が根づいています。他のブランド牛はそもそもその土地の人が食べていないから、独特の料理法も生まれていない。

たとえば鹿児島にもブランド牛はあるけれど、地元の人の多くが食べているのは黒豚ですよね。鹿児島独特の黒豚の食べ方はあるけれど、牛肉の食べ方はない。十勝のパン、満寿屋のパンはどうでしょう。十勝独特のパンの食べ方はあるのだろうか。そしてそれは日本全国の人が知っている食べ方なのだろうか。国産小麦のパンをブランドにするには越えなければいけないハードルがあります」

さすがというか、元エリート官僚は課題を見つけることに熟達している。わたしは十勝の国産小麦パンがブランドになっていないのは、単に宣伝、広報が足りないだけだと思っていたけれど、それだけではなかった。

杉山たちが全国に、世界に向かって広めなくてはならないポイントとして「国産小麦を使っている」ことだけではまったく足りないのである。

地元の人は満寿屋のパンを食べている。普通の人がおいしいと思って食べている。ブランドになるためのひとつめのハードルはクリアしている。しかし、十勝独特のパンの食べ方が東京やあるいは全国に普及しているかと言えば、それはまったくない。国産小麦を使ったパン屋が増えていくにしたがって、国産小麦使用だけを謳ったパンは次第に埋もれていくだろう。

すき焼きは関西の但馬、近江、松阪といった土地の人たちが地元の牛肉をおいしく食べるために自然に始めた料理だ。それを全国の人が真似《まね》した。そうして一般的になっていった。米沢の場合はいも煮だろう。牛肉と里芋を煮る。いまでは全国の家庭で作られている。

これから満寿屋をはじめとした十勝のパン屋、小麦生産者がやることとして「国産小麦でパンを作っている」と存在を主張するだけでは足りない。国産小麦パンのおいしい食べ方を、しかも独特の食べ方を考えて全国に広めなくてはならない。「十勝のパンは国産小麦です」という第一人称の主張ではなく、むしろ、「へえ、こんな風に食べているんだ。この食べ方なら国産小麦だね」と第三人称の人々が話すようにならなければブランドとは呼べない。

それは何か。ジンギスカンをはさみ込んだパンなのか。果たしてそれでいいのか。満寿屋の健治の夢とは何だったのだろう。国産小麦でパンを作ることは第一段階ではなかったか。国産小麦で人々に安心感を与える。次の段階では十勝に来てもらう。小麦生産者を紹介し、自分の店にも来てもらう。顔を見せてますます安心してもらう。おそらく、そこまでは考えていただろう。しかし、そこから先は考えていなかった。そこから先の夢は雅則が引き受けるしかない。

満寿屋は国産小麦百パーセントのパンを売る大きな会社にはなった。だが、それは終着点ではない。前に向かって歩き出さなくてはならない。それにはむろん、次の夢がいる。

「麦感祭」の会場で

二〇一七年、夏の終わりに帯広へ出かけていった。本当は八月の初めにやる麦の収穫を見に行こうとしたのだが、「忙しくてお相手できません」と生産者に断られた。確かに、徹夜で小麦を収穫している時期に、取材の応対などしていられないだろう。

雅則から「麦感祭《ばっかんさい》」があるという知らせをもらったのは八月の中頃だった。すでに小麦は刈り取られた後だ。

「お祭りは音更でやります。音更町は小麦の生産量が日本一なんです。でも、その事実を知っている人は少ない。地元の人でさえも知らない。まずは地元の人、北海道の人に知ってもらおうと、麦畑でお祭りを始めたのです。東日本大震災のあった二〇一一年からです」

麦感祭は地元の生産農家、パン屋、役場の職員、帯広畜産大学の学生、地元の高校の生徒、料理人たちが開く食のイベントだ。小麦を収穫した後の畑に屋台を出して、来場した人々にパン、うどん、お好み焼き、ピザなどを食べてもらう。パンに使う小麦はすべて地元の農場で取れたばかりのそれだ。

とかち帯広空港から音更町の会場まではタクシーに乗っていった。畑が続くなか、刈り取られた小麦畑だけが空き地になっている。一面の緑なのは馬鈴薯とビート、大豆、長芋、デントコーン、スイートコーンの畑である。外をじっと見つめていたら、ドライバーが呟いた。

「メークインが紫で男爵は白。花だよ。馬鈴薯は花がしぼんで根を枯らす。掘るのはそれからですね。ビートの収穫は馬鈴薯よりも少し後だから十月かな」

——大豆、枝豆は、今から収穫ですか？

ドライバーは答える。

「そうですね。今もやってるし、九月もやるんじゃないかな」

完全に終わったのは小麦だけですよと言い、そして、黙って運転に集中した。と思ったら、車を止めて窓の外をさし、「こっちがデントコーンで、あっちがスイートコーンですよ」と教えてくれた。

「デントコーンは背が高いやつね。あれは牛の餌です。甘くなくて人間は食べない。スイートコーンはとうきび。黄色い実のやつですよ。ほら、背の高さがぜんぜん違うでしょ」

わたしはタクシーを降り畑に出て、作物を見て、スマホで写真を撮った。写真を撮りながら、原田の言葉を思い出していた。国産、海外産、ポストハーベスト、農薬……。いろいろ農業問題を語る前に、わたしは畑の区別もつかないのである。ちゃんと見たのは生まれて初めてだった。

なかでも印象に残ったのは長芋の畑である。長芋が畑でできることさえ知らなかった。長芋自体はつる植物で、添え木につるをはわせる。地上に出ている部分は高さが二メートルくらいにもなっている。つると葉っぱが垂れ下がって、そして、密集している。だらんとして背の高い葉っぱが風に揺れていて、やや不気味な外見なのだ。わたしたちがいつも食べるのっぺりした芋の部分と、畑にある長芋の外見はまったくリンクしない。長芋が育っているところを見たのも生まれて初めてで、思えば長芋の形状を想像したこともなかった。それくらい、野菜については無知だった。

他にも、にんじん畑、玉ねぎ畑、かぼちゃ畑を近くまで行って見た。非常につたない感想ではあるが、わたしにとって「どの畑も見るだけで新鮮」だったのである。

おそらく日本の多くの消費者はわたしと同じような感想を抱くだろう。電車や車の窓から流れる風景としては畑を見ているけれど、立ち止まって、作物を手に取ることはほとんどない。元農水省の原田が言った話が頭に浮かぶ。

「食品に対して安心を求めるならば消費者自身が主体的に動かなくてはならない」

食の安心が手に入らないのは、畑に立ったことがないからだ。立ったとしても、保育園、幼稚園、小学校低学年の頃、芋ほりをしたくらいだろう。

そして広い畑に立つと、農薬を使わずに作物を育てるなんてことはできないと納得する。毎年、毎年、酷暑でも畑に立って虫を追い払い、病気が広まらないようにし、日の出から日の入りまで雑草を抜く。日本の畑作というのはそういう仕事である。雑草を抜かなくていいのは水田、そして、ある程度、背が高くなった小麦の畑だ。小麦は密集させて植えるから、背が高くなったら、陰に生えた雑草は大きくならないのである。畑の仕事は楽じゃないと呟いたら、テレビドラマのように、ドライバーが「ごほん」と咳《せき》をした。そろそろ行きますかというように後部座席のドアが開く。乗り込んだとたんに、お客さん、と話しかけてきた。

「秋になるとサンマや秋ジャケがおいしいでしょ。実際、僕はサンマより秋ジャケのバター焼きの方が上だと思うよ」

麦感祭の会場に着くまで、おきまりの北海道の水産物の話が続いた。農産物、とりわけ小麦は北海道でも一般的な話題にはならない。「春よ恋」が春まきの小麦だとか、「ゆめちから」で作る小麦粉がたんぱく質の多い強力粉だという事実はサンマや秋ジャケほど魅力的な話題ではない。

空港から音更町の麦感祭会場までは四十分ほどだった。

会場は浅野農場。畑の広さは二七・二ヘクタール。パンフレットに「一ヘクタールはサッカー場の一・五倍くらいの広さ」と書いてあった。ヘクタールという単位がここまで親切に書いてあったことも生まれて初めてだった。

浅野農場の農産品は小麦、馬鈴薯、ビート、小豆、大豆、にんじん、かぼちゃ。典型的な十勝の産物である。祭りの会場はサッカー場の一・五倍くらいの面積だった。ステージ、屋台、広場が配置されている。目玉は収穫したばかりの小麦で作ったパン、うどん、お好み焼き、ピザ。雅則は食事関係のリーダーで、揃《そろ》いのTシャツを着て、お好み焼き屋台の前に立っていた。

雅則は言った。

「麦を感じる祭りと書いて麦感祭。食べるものだけじゃなく、広場に置いてある椅子も麦わらで作ってあります。イベントとしては音更高校の書道部の書道ガールが麦の筆で書を書きます。あと、これから行われるのは、麦ロールを転がす大会です」

来ているのは地元の人ばかりである。

「通常、収穫から製粉、販売までは三か月から数か月です。でも、ここで出しているものは特別に製粉してもらいました。収穫してから一か月以内の小麦です」

――杉山さんが一番好きな小麦の種類は何ですか?

彼は即答した。

「味としてはキタノカオリが一番です。けれどもキタノカオリは本当に希少品種なので、なかなか全量をキタノカオリにするのは難しい。でも、父が生きていたら喜ぶような国産小麦です」

――お父さんは小麦が百パーセント地元産になった後は何をやりたかったのでしょうね。どう思います?

わたしはそう訊ねた。あくまで婉曲《えんきょく》に伝えた。雅則が「なんだ、自分の夢じゃないのか」とムッとするとは思わなかったけれど、取材も終盤だったので、自分の夢を聞いてほしいのではないかと思ったからだ。だが、彼は別に気分を害した様子もなく答えた。

「どうでしょうね。本人ではないので……。父は実現しそうもない夢を思いつく人でしたから。ですから、実現できそうもない夢だとすれば、地産地消をさらにきわめていって、十勝でしか食べられない新しいパンを作りたかったんじゃないでしょうか」

――新しい十勝のパンとはどういうものですか？

彼は説明にはちょっと困ってしまいますねと答えてから、続けた。

「たとえば食パンは日本のパンとは言えません。もともと北米小麦のためのパンですから。国産小麦のパンではありません。食パンでもなく、バゲットでもなく、総菜パンでもなく、十勝の小麦を一番おいしく食べる方法を見つけて、それをパンの形にする。父はそれくらい考えそうです。わたしもそれに挑戦してみたい。国産小麦の一番おいしいパンを作る」

――それはいつできるかわからない？

「はい、そうです。国産小麦のパン作りの歴史はまだ短い。ほかの国の伝統的なパンに比べれば技術の蓄積もない。どういうパンになるかは見当が付きませんけれど、方向としては、パンの色を良くしようとか、膨らませてふわふわした食感にしようとは思っていません」

彼が言いたいのは、世界で初めてのもので、しかも、ロングセラーでポピュラーになるパン、さらに十勝から始めて全国に広まっていくパンということだ。原田が言った、その地方独特の食べ方に通ずる話ではある。

もし、それができたら、十勝のパンはブランドになるだろう。

食品廃棄ゼロへ

麦感祭の会場を後にして、帯広市内へ向かった。夏の間の土曜日と日曜日、十勝管内の町では「とかち夏祭り」というイベントをやっている。輝子は市内の歩行者天国で祭りのリーダーをやっていた。親子で祭りの世話をしていたのである。わたしが訊ねたのは健治のことである。そして、健治が生きていたら、何を夢とするのかを聞いた。雅則に対して訊ねたのと同じ質問だ。

彼女は「うん、お父さんならなんと言うだろうね」と嬉しそうに言葉を探した。

「地元の小麦を地元のパン屋が普通に使って、地元の人に食べてもらえるようにしたい。それが一番普通なんだ。あの人はそればかり言っていました。当時で言えば、本当に無謀な話でしたね。まわりからは『そんなこと、できるわけない』と言われ続けましたから。

それでも本人は寝言でも言うんですよ。十勝のパンを国産小麦にしたい、と。だから、私、この人を支えていかなきゃと思いました。私が最後のころ聞いたのはこんな話です。『これから中国というのは、今まで小麦の輸出国だったのが輸入国になるだろう、そうなってくると、優良なオーストラリア産とかカナダ産小麦が日本には来なくなるんじゃないか。だから、国産小麦を育てなきゃいけないんだ』とも心配してました。

あの人、決して話が上手な人じゃないんですよ。研究者みたいな静かな人なんだけれど、どんどん突き進んでいく。言葉で人を動かすんじゃなく、行動で動かす人だった」

——そこが好きだったんですね。

彼女は眼《め》をくりっとさせて、恥ずかしそうに答えた。

「だと思います」

そして、真剣な表情に変わった。

「うちのパンは売れるんですよ。売れないのは大雪が降ったときだけです。大雪が降ると、みなさん、雪かきが大変で、買い物どころじゃないんですよ。そういう日はうちはお付き合いしている問屋さんとか地元の会社とかにパンを持っていくんですよ。どうせ残るからね。それで、『雪かきが終わった後に食べてください』って。甘いものって、身体を動かした後に食べるとおいしいでしょう。地元への気遣いは大切です。それもお父さんが始めたことでした」

気になるのは売れ残りです、と彼女は続けた。

「うちは本店に集めて全部売っちゃうけれど、それでも少しは残る。全部売れる日もあるけれど、雪が降ったりすると残るんです。廃棄もあるんです。それが気になるの」

日本では廃棄されている食料は多い。コンビニ、スーパーなどカウントできるだけで一日に三百万人分の食料が捨てられている。一方、世界では八億人の人間が飢えている。そして、その数倍の人が栄養失調になっている。健治は大雪の日は残り物をタダで得意先にあげた。廃棄することはもったいないと思ったのだろう。

では、ひょっとしたら、健治は食品の廃棄についても、生きていれば何かプランを考えたのではないか。彼の夢は実現不能に思えることだ。十勝独特のパンについても創り出しただろうけれど、それはやはり実現可能なことなのである。

健治が夢見ることとしてふさわしいのは、食品廃棄問題の解決策ではないだろうか。

そう輝子に言った。

輝子は「そうね、でも、わかりません」と答えた。

「だって、なかなか実現することじゃないんですよ。お客さんって、棚に一個だけ残ったパンは買わないんですよ。たくさんあるなかからひとつ、ふたつを買っていくのが買い物なんです。だから、商品をある程度、出しておかないと売れない。そうすると、必ず廃棄が出る。

どうでしょうね。うちの主人の夢って。店を増やしたり、会社を大きくすることではないと思います。他の大手の会社がやるようなことじゃないんです。中身をもっと深くして、従業員さんも幸せだなと思える会社にしたい。でも、それは私の夢か……。どうですかね、主人はもっと大きなことを考えるんでしょうね。そして、突き進んでいくんでしょうね」

……それが食品廃棄ゼロということではないでしょうか。

わたしはそう思ったけれど、口には出さなかった。輝子と雅則が本気にしたら、満寿屋はまた苦しい時代を迎えるに決まっている。でも、夢って、そういうものではないのか。実現するために苦しむと後で快感に変わる。健治は幸せに生きて、幸せに死んだ。幸せな男だった。

第11章

二〇三〇年の夢

リニューアル

二〇一七年十一月、満寿屋は東京の都立大学に店を出して一年を迎えた。そして、そのころ店内をリニューアルしたということを耳にした。ちょうど帯広から雅則がやってきていたので、話を聞くことにした。彼が話し出す前に、わたしは思わず、店は大丈夫なのだろうかと聞いてしまった。すると、雅則は微笑した。儲かっていなかったら、感情が乱れるはずだから、リニューアルしたのは店が不振なわけではないのだろう。

彼は微笑みを絶やさずに、ゆっくりと話し始めた。

「リニューアルしたのは十勝の産品をもっとたくさん置こうかなと思ったから。改装と言っても売り場スペースを広げて、野菜、味噌、牛乳、チーズなどを置くようにしただけです。ただし、新しいパンは増やしましたよ。十勝として誇るべきパンを開発しましたからね」

確かに店内が大きく変わったわけではなかった。壁面に大画面のモニターを据え付け、十勝の様子を映す。えびすかぼちゃ、じゃがいもなどの十勝の特産野菜を置く。あすなろファーミングの牛乳、ヨーグルト、チーズなどを入れた冷蔵庫を設置するといったところが主だ。また、これまでサンドウィッチは白スパサンドしかなかったのが、ポテトサンドとピーナツバターサンド、さらに時々、赤スパサンドが並べられるようになった。チャバタに小麦味噌とバターを塗り、ラクレットチーズを溶かしたものをかけた「小麦みそラクレットチャバタ」という長い名前の新製品もあった。

リニューアルというより、大画面テレビを置いて、商品の種類と量を増やしたというのが正確な表現だろう。一年間の営業成績はどうだったのか。これまたぶしつけに聞いてみた。

相変わらず、微笑みのまま、彼は答える。考えてみれば、この人はつねに微笑みの人だった。

「まあ、そんなに悪くもないです。目標よりはちょっと足りなかったんですけれど」

――目標はどれぐらい？

「年間で八〇〇〇万ぐらいはとりたかったんですけど」

――で、いくらですか？

「年間で七〇〇〇万ちょっとくらい」

――お客さんの数は？

「売り上げから考えると、年間で八万人くらいですかね」

一店のパン屋で、年間に八万人も来店していれば、それでいいじゃないかと思ったけれど、一応、帯広にある満寿屋の成績も尋ねてみた。すると……。

「六店舗で百万人です」

――十勝の人口ってどれくらいでしたか？

雅則はまだ微笑んでいた。そして、答えた。

「確か三五万人」

十勝では人口の三倍くらいの客がパンを買いに来ている。それに比べれば東京本店は「健闘している」が、まだまだ彼らにとっては満足すべき数字ではないのだろう。

――目標に届かなかった原因は何でしょう？

彼は真剣な表情になった。

「東京ではうちは知られてないってことと、思った以上に、夏の落ち込みが大きかったことです。満寿屋がパンを売っていることも東京の大多数の人は知らないのでしょう。

夏はほんとうに厳しかった。十勝の夏は農繁期ですから、畑でおやつに食べるパンが売れます。また、十勝の夏は、昼間は確かに暑いけれど、朝晩は涼しいので、食欲が落ちるというほどのことはありません。だいたい、冷房のない家がほとんどですから。ところが、東京の夏は暑い。みんな食欲をなくしてパンを食べようと思わない。ご飯やパンよりもそうめんとか冷や麦とか、冷たい麺類を召し上がっているんじゃないでしょうか」

雅則は話を続ける。

「東京で一店舗を出すだけではペイしないと思っています。でも、二店舗目、三店舗目ができたら黒字になります。そして、うちは始めた以上、店を閉じたりはしません。五十年、百年は続く店を目指しますから」

そうだった。満寿屋が現在、流行っている種々さまざまなパンの店舗とどこが違うかと言えば、国産小麦百パーセント使用の他、「長く続ける」ことが大切と思っている点にある。

流行っているパンの店

わたしは雅則と話を続けた。話題は人気があるパンの店について、である。わたしは言った。

「世田谷公園の向かいにあるシニフィアン シニフィエは相変わらず人気ですね。国産小麦の使用比率も上げているようです」

志賀と会ってから、わたしは時々、買いに行っているのだが、店内には必ず客がいる。客がいなかった日はなかった。そして、バゲットの味に関して言えば、満寿屋のそれはまだまだと言える。志賀が焼いたシニフィアン シニフィエのバゲットはフランスのそれのようにパリッとしている。一方、満寿屋のは、もっちりとした食感だ。十勝では皮がハードなバゲットより、もっちりした味の方が人気が高いのだろうが、やはりバゲットたるもの、皮はパリッ、サクッでなくてはならない。どちらも国産小麦を使っているのに、食感、味はずいぶんと違う。

わたしの感想に対して、雅則はただただ微笑で応える。

次に、わたしたちが話題にしたのがコッペパンの専門店についてである。

雅則は「最近、全国的に流行っているようですけれど、もともと有名なのは盛岡の『福田パン』さんです」と言う。続けて、「コッペパンに具をはさんで売るのはどこにでもありました。福田パンは具材の種類が多いので有名なんです」

コッペパンはバターロールとほぼ変わらない材料でできている。バゲットが小麦粉、水、塩など最小限の材料で焼いてあるのに対して、コッペパンには油脂、砂糖が入る。熟年世代にとっては学校給食でお世話になったパンだ。わたし自身、小学校の時によく食べた。

そして、学校のそばにあるパン屋に行くと、コッペパンが並んでおり、そこで買うと、おばちゃんがパンに切り込みを入れ、ヘラでマーガリンやジャムをなかに塗ってくれた。その形式が今のコッペパン専門店にも引き継がれている。ただし、当時はマーガリン、ジャムといったものしか塗ってくれなかったけれど、福田パンやそのカテゴリーに属するコッペパン専門店はツナとかとんかつとかさまざまな具材をはさみ込んで売る。

福田パンにおけるコッペパンの特徴はなんといっても豊富なスプレッド（バター、ジャムなどのこと）と具材だ。そして、値段もリーズナブルである。たとえば具材の種類は五十種類以上もあって、メニューを見ると、おいしそうなラインナップが並んでいる。
一五九円の部（以下、値段は税込み）
あんバター、チーズクリーム、まっ茶あん、粒あん、桃ジャム、ママレード、ずんだあん、かぼちゃ、マンゴージャムなど。
一六三円の部
ホイップクリーム、イチゴミルククリーム、メロンクリーム、アプリコットジャム、シュガーマーガリン。
一六九円の部
粒入りピーナッツ、黒豆きなこクリーム、クッキー&バニラ、クッキー&ストロベリー、スイートポテトなど。
二二六円の部
タマゴ、ポテトサラダ。
二五六円の部
コンビーフ、チキンミート、スパゲティナポリタン、カレー、れんこんしめじ、ごぼうサラダ、メンチカツ、やきそばなど。
二七六円の部

とんかつ、ハンバーグ、てり焼きチキン、白身魚フライ、ツナ。

二八六円の部
オリジナル野菜サンド。

三五九円の部
えびかつ。

こうした具材を組み合わせて注文することも可能だ。タマゴとコンビーフとか、ポテトサラダとメンチカツとか。

そして、福田パンの他に、「パンの田島」「㈱盛岡製パン」「コッぺん道土《どっと》」「月刊アベチアキ」……と全国にコッペパン専門店は増殖している。いずれも従業員が客の好みに合わせてコッペパンに具材をはさみ込んで売る。どこも値段は福田パンよりも二割から三割はアップする。

こうしたコッペパンの提供形式は昭和三十年代からあったものだ。どこも具材のバラエティとオリジナリティで勝負している。満寿屋のある都立大学駅の隣の駅、学芸大学駅にも二〇一七年にパンの田島がオープンして、時間が経った今もなお行列は途切れない。

粉の味、発酵の香りの完成形とは、わたしがこれまで食べた限り、くどいようだが、志賀が焼いたシニフィアン シニフィエのバゲットが一頭地を抜いている。パリのブーランジェリーのパンも食べたことは何度もある。三ツ星レストランで出てくるバゲットも食べた。パリの一流パンはそれは大したものだ。だが、粉の味と発酵の香りがはっきりと伝わるパンはそれほど多くはない。パリのバゲットの場合はバターが濃厚だから、バゲット自体よりもバターの味で食べているような気がする。その点、シニフィアン シニフィエのバゲットはバターを塗らなくとも食べることができる。ただし、バターを塗った方がよりおいしい。志賀のバゲットにバターをたっぷり塗り、それだけをつまみに赤ワインを飲む。バターとパンはワインを引き立て、ワインは小麦粉の味を強調する。

「ワインとのマリアージュ《結婚》」という表現がある。実はフランスの料理人はあまり使わないのだけれど、ワインと一緒にマリアージュする（合わせる）つまみでももっともおいしいのはバターを塗った焼き立てのバゲットだろう。牛肉でもチーズでもない。イエス・キリストが生まれた頃から、パンと赤ワインは絶妙の組み合わせだったのである。

話はズレたけれど、今どきのパン業界の流行はコッペパン専門店に限らず一種類のパンを専売する店のようだ。食パン専門店、メロンパン専門店、カレーパン専門店……。なかでも食パン専門店の「セントル・ザ・ベーカリー」は二〇一七年秋、パリのマレ地区に日本産小麦粉で焼いた食パン二種類だけの店を出した。ネット記事には「パリジャン、パリジェンヌが行列」とあったけれど、日本食は現地で人気だから、日本の食パンは日本食のカテゴリーに属する食品として話題になっているのかもしれない。

食パン専門店に限らず、各種のパン専門店は継続することよりも話題性を狙った店舗だと思う。だから、一時は脚光を浴びる。しかし、一種類のパンだけで五十年、百年、経営していくのは不可能と言わざるを得ない。近所に住む人々が主な客となるパン屋という商売は、いつもそこにあること、つまり長続きすることがもっとも大切だ。そうしてもらわないと客が困る。満寿屋がこれまでも、そして、いまも客をひきつけているのは、話題性を追うのではなく、古くからある定番のパンと、現在の流行に合わせて開発したパンを組み合わせて店頭に出してきたからだ。単品だけでやっていけば利益率は大きいけれど、長く粘り強く商売していくためには次の時代に売れる商品をつねに開発しなくてはならない。満寿屋は十勝でそれをやってきたし、東京でもそのポリシーで長く続く店をやろうとしている。

麻希となつみ

満寿屋の東京本店が開店した後、帯広からやってきた従業員がいる。杉本麻希は店長である雅則の代理として、十二人の従業員、パートを引っ張ってきた。彼女の一年半はどういった状況で、どういった暮らしだったのか。

杉本は「みんな、私生活に関しては楽しくやっていますよ」と言った。

「私も店休日の水曜にディズニーランドに行ってきました。私だけでなく、休みになるとディズニーランドへ行く人は多いみたいです。北海道からだと飛行機を使わないと行けないでしょう。東京からだとずいぶん安くなります。それに、都立大学駅、学芸大学駅周辺にはパンの店やおいしいレストランがたくさんありますから、それを回っているところです」

——パンの田島も？　シニフィアン シニフィエも？

そう聞いたら、「ええ」と答えた。「シニフィアンのパン、おいしいです。パンの田島もいいですね」

そう、食べ物の話で言えば、と彼女はジンギスカンの話を始めた。

「この間、店のみんなで中目黒にあるジンギスカンのお店に行ったんですけど、タレが、ちょっとしょっぱいと感じました。十勝のタレは甘いんです。なので、みんなで、『これは思っていたジンギスカンと違う味』とちょっと盛り上がりました。

いま、ひとりで暮らしているのですけれど、アパートでジンギスカンはやらないんです。においで周りからクレームが来ると嫌だし、そもそも売ってないんです。羊の肉は売っているけれど、北海道で見るような、パック入りの味つきジンギスカン、たとえば、松尾ジンギスカンとか白樺成吉思汗《しらかばジンギスカン》とか、そういう商品は見ないです……」

ところで、仕事の面はどうだったのか。初めて十勝以外で国産小麦のパンを売ったことはどのような体験だったのか。

ただ、この答えについては、杉本と同じ時期に東京店に来ていた、石久保なつみに聞くことにした。杉本は店長代理としてキッチン、バックヤードにいることが多いけれど、石久保はつねに店頭でサービスをしていた。帯広でも五年間働いて接客してきたから、北海道の客と東京の客との違いもよくわかっている。

石久保は「十勝のお客さんは満寿屋のことはよくわかっていたんです」と言う。

「十勝では満寿屋は老舗ですから、知らない人はいません。国産小麦でできている

 こともみんな知っていました。たとえ形の崩れたパンでも、お客さまは『これが手作りの形だ』と言ってくださいます。満寿屋を信頼してくださっています。でも、東京では『満寿屋って何？』という存在ですから、そこからアピールしていかなくてはなりませんでした」

——十勝と東京のお客さんはどこが違う？

「東京のお客さまでいちばん多いのが子ども連れのお母さん、それから年配の方。ひとりでいらっしゃる方も少なくないです。そして東京の方は『十勝の味を強調したパンはどれ？』と聞かれます。それもあって、今回のリニューアルでは東京店だけのパンを作りました。えびすかぼちゃのパンです。生地にかぼちゃペーストが練り込んであります。えびすかぼちゃは十勝の特産品で、甘さが強いのと、色がかなり濃いですね、すごく黄色い。パンの表面に、かぼちゃの種が載ってます。このパンはとても支持されています。十勝の味だけれど、十勝では売っていなくて、東京だけで食べられるってところがウケるみたいです」

石久保が言ったことは、東京でウケる料理のある種の真髄をついている。東京の消費者は何も十勝のえびすかぼちゃだけが好きなわけではない。「そこでしか食べられない」ものが好きなのだ。たとえば、東京の消費者が好きな料理とは「加賀の一流店が地元の珍しい食材を使い東京だけで出しているもの」……などである。単に、地方から名産を持ってきただけでは、すでに満足しなくなっている。マニアックというか、一筋縄ではいかない嗜好になっているのだ。

「あと、東京のお客さまが気にするのは原材料です。『どの小麦を使っているの?』、『ショートニングは使っているの?』。もちろんうちのパン小麦はすべて道産です。油脂もバターが主です。ただ、今、販売しているパンのうち、メロンパンの皮とドーナツにだけはショートニングを使っています。それは食感を出すためという理由で、それ以外は自然の油脂なんです。バターの他にはラードだけ。ラードは主に食パンに使っています。そして、ショートニングを使っているパンはメロンパンですと答えると、『じゃあ、それはやめておきます』と。十勝でもそうなんですけれど、小さなお子さんを持ったお母さんたちは材料が国産であることとか、自然の油脂であることに非常に気を遣われていると感じます。

このパンのカロリーはどれくらい?　ということもたまに聞かれます。糖質や脂質を気にされているんだと思います。その場合は本当にシンプルなバゲット系、チャバタとかをお勧めしています。どちらも粉と水だけで砂糖、油脂は入っていませんから。でも、それを買った人が帰りにあんパンをトレーに載せることもあるんです」

石久保は言った。

「東京は楽しいです。でも、お金がないと楽しめないですね」

夏の課題

都立大学の店の課題として、雅則、杉本、石久保の三人が挙げたのが夏の来店客が少ないことだった。杉本は言う。

「十勝では夏も変わらず売れるのに、東京ではびっくりしました。パンの生産量が夏は半分くらいでした。お客さんの数、普通は一日に二百人から三百人弱なんですけれど、夏は百人とちょっと。何しろ、表を見ても、人通りがない。十勝より少ない。人が歩いてないので、宣伝をしようが、新しい商品を出そうが、まったく意味がありませんでした」

石久保もまた夏の売り上げを上げることがやるべき課題だと言い切った。

「東京では夏はパンは売れないと噂には聞いていたんですけど、本当でした。そこはいまだに解決しきれていないです。杉本さんが言うように、外を見ても、人が歩いていない状態で参りました。仕方ないから、お掃除とか、あとは宣伝用のポップを作ったりしていました。

東京でも真冬はすごく売れるんです。チーズパン、カレーパンなど温かい調理パン、揚げ物のできたてを出すと、売り上げ上位にすぐ出てきます。私たちとしても売っていてやりがいがある。夏のサンドウィッチとして、チャバタサンドなどを出してみたんですが、今ひとつでした。私は難しいかもしれないけれど、夏はソフトクリームを出したいって、社長にお願いしました。アイスクリームかソフトクリームを導入して、好きなパンに載せる。十勝ではメロンパンにソフトクリームを載せたものがすごく売れるんです」

アイスクリームのメニューを増やして、少しは売り上げを伸ばす。しかし、それにしても、ほんとに夏はパンが売れない。パンだけでなく、飲食店だって、真夏は厳しいだろう。フランス料理のレストランだって、寿司屋だって、都心は別として、それほど客は来ない。都立大学駅付近で見ていても、ソフトクリームを出すところだって、活況を呈しているとは言いがたい。人が並んでいるのは駅前の「ちもと」のかき氷くらいのものだ。満寿屋の杉本に「かき氷は?」と聞いてみたら、「ちもとさんがあるから無理です」とのこと。ちもととは都立大学駅前にある和菓子の店。

八雲《やくも》もちという看板商品と夏のかき氷で知られる。
杉本によれば北海道ではアイスクリームは食べるけれど、かき氷はめったに見かけないとのこと。かき氷を食べるほど、暑くはないということだろう。
仕事とは別に、ふたりが口を揃えて言ったのは「東京の冬、部屋のなかは北海道よりも寒い」という感想だった。
「うちでは暖房付けっぱなしです」（石久保）
「めちゃ、着込んでます」（杉本）
北海道は冬、外は寒いけれど、うちのなかは暖房が効いているし、壁と床には断熱材が入っている。家のなかは確かに東京の方が格段に冷える。
ふたりは夏に客足が落ちることと、冬の家のなかの寒さと闘いながら、東京で十勝のパンを売ってきたのである。

チャバタ

わたしはふたりの従業員と話した後、店の上にある事務所に行った。雅則が待っていたからだ。「見せたい絵があるんです」とのことだった。

「十勝と東京で売れるパンはやっぱり違いますね」と話しながら、首を振った。

「東京店では北海道産じゃがいものポテトフライを出していて、結構、売れるんです。ポテトサンドも人気がある。けれども十勝の店舗では大したことありません。十勝でも出してはいるんですけれど、ポテトフライもポテトサンドも、それほどは出ません。全体に芋関係はあまり売れないんです。ふだん、自宅で食べているせいなのか、芋のパンとかコーンパンは、十勝ではそれほど売れない」

――でも、東京では売れる？

「すごく売れます」

そう言って、彼は笑った。商売人である。そして、真面目な顔で言った。

「東京に来てわかったのは北海道、十勝、国産小麦、満寿屋……。いずれも知られていないんです。特に、国産小麦でパンを作っていると言っても、驚く人はいない。米と同じように、小麦はそもそも国産ばかりだと思っているのかもしれないし、小麦について一般の人は関心を持っていない。ただ、お子さんがいるお母さんは違いますね。なんでもすごくよく知っています」

――まだまだやることはたくさんある？

「十勝でも、地元産の小麦を食べている人ばっかりじゃないんですよ。地元でもパン用の十勝産小麦のシェアは三割ぐらいだと思います」

——パンですか？

「はい、パンのシェアです。麺用の小麦になると、おそらくもっと低いです」

——でも、パン用小麦の国産比率は日本の都市のなかではトップレベルでは？

「はい、ダントツですね。おそらく東京だと三パーセントとか、そのくらいでしょうから」

——ということは、日本の町で、国産小麦のパンを食べている割合が一番多いのは十勝。

杉山は間髪を入れずに答えた。

「はい、それはそうです」

わたしもすぐに返した。

——そして、それは満寿屋があるから。

「そうですね。うちが、原料の小麦を国産に全量変えたから、そこから国産小麦の比率は上がっていったんだと思います。いま、大手のパンメーカーさんが国産小麦を使う量を増やしていますけれど、全量は無理なんですよ。そんなに量は取れませんから。年によって生産量に、すごくばらつきがあるんです。

ただ、日本のパンのマーケット規模は一・四兆円あります。ここ数年、横ばいですけれど、仮に国産小麦のパンが十パーセントも置き換われば一四〇〇億円のマーケットになります。やはり、国産小麦には大きな未来があるんです」

しかし、満寿屋が全量を国産に変えるだけでも二十年以上かかったのだから、もし、全国のパンマーケットの一割を国産小麦にしようと思ったら、どれぐらい待つことになるのか……。

そう伝えたら、雅則は「この絵を見てください」とカレンダー大の紙を出してきた。クレヨンで描かれたアンパンマンが真ん中にいて、「二〇三〇年、十勝がパン王国になる」とタイトルが付いた絵だった。未来に向けての年表のような絵である。

——これ、十勝の小学生が描いたのですか？

そう聞いたら、雅則は実におかしそうに笑った。

「私が描いた絵です」

すみませんと謝りながら、話を聞いた。

「絵のなかに目標を入れました」

まず、満寿屋としての目標があった。

二〇二〇年　創業七十周年　首都圏五店舗　十勝パン完成　新工場稼働　本部移

二〇二五年　パン学校の設立

続いてＡＢＣＤのジャンルに分けて四つの目標が書いてあった。

Ａ　ますやパンが全国的なベーカリーとなる。

・日本一のベーカリー店舗をつくる。一店舗で年商五億円（一日平均一四〇万円）の店を既存店から育てる。

・昔懐かしい店を再現する。

・太陽光、風力、水力を取り入れる。

Ｂ　十勝でパン学校や小麦を通じた教育が盛んになる。

・十勝のパン職人が全国コンテストでどんどん優勝する。

・パン学校ができて、年間留学生五百人が受講する。

・十勝出身の子供たちは、知らないうちにパンやピザが作れるようになる。

Ｃ　十勝産パン用小麦のブランド力が高まる。

・十勝産のパン用小麦生産量が五万トンを超える。

・十勝産小麦のパンを本州でも売り、より多くの消費者に喜んでもらう。

・十勝の農家さんへ十勝産小麦のパンを届ける。

D　十勝パンが完成し、十勝パンブームが来る。
・十勝の小麦でしか、十勝でしか作れない、十勝の人が大好きな十勝パンが完成する。
・十勝パンが十勝の家庭に浸透し、夕食にもパンを食べる。
・十勝のパン売り上げが一人当たり一日五十円になる（全国一）。

雅則がここにあるようなドリーミーな計画を決め、一枚の絵にしたのは二〇一〇年のことだという。社長になってから三年経った時だった。父親にならって、社長になった彼もまた長期目標を決めたのである。

すでに決めた時から八年の時間が過ぎており、なかには達成してしまったものもある。たとえば、昔懐かしいパンの店舗は帯広の本店がそういった風になっている。店の真ん中にストーブを置いて、昔の写真を飾って、昭和の雰囲気を残したパンの店舗にしてある。また、「太陽光、風力、水力を取り入れ」た店は帯広市郊外にある「麦音」がそうだ。すべてを自然エネルギーでまかなっているわけではないが、それでも象徴的な意味合いでは目標を達成している。

店舗の売り上げでは、現在、ボヌール店で最高の売り上げは三億円。年商五億円にはまだまだ届いていない。しかし、パン屋で三億円と言ったらそれはそれでかなりの繁盛店ではないか。

十勝産パン用小麦の生産量は「ゆめちから」がやっと一・三万トン。パン用小麦をすべて合わせても三万トン（二〇一七年）を少し超えたくらいだから、五万トンという目標にはまだ時間がかかる。増産すると言っても、すぐに畑を広げることができるわけではない。少しずつ増産していくしかない。

ただし、満寿屋だけでなく全国のパン屋さんは国産のパン用小麦を待っている。量が増えて、品質がいっそう安定すれば、そして、価格も外国産と大差ないところまでくれば、使う店はぐんと多くなる。現在は需要はあるけれど、増産が追い付いていない段階だ。

わたしは雅則が決めた目標を次々と聞いていった。目標のどれがいちばん難しいと思っているのか。やれると思っているのはどれなのか。

——十勝でパン学校や小麦を通じた教育が盛んになる。これは具体的に動いているのですか？

雅則は腕を組んだ。彼は静かで真面目な印象の男だ。しゃべる時も姿勢を崩さない。だが、あまりうまくいっていないことを聞くと、動作が加わる。

「うーん、実はこれは、うちだけではちょっとできないので、地域で協力してやることになるかなと思っています。近くに帯広畜産大学があるので、そこで食品関係の研究はずっとしているのですけれど。実際、うちではパンの製法で帯広畜産大学と共同研究をしていて、特許出願中のものが一件あるんです」

――では、二〇二〇年に創業七十周年で首都圏五店舗は？　それと二〇二五年のパン学校。パン学校を作るんですか？

「首都圏五店舗は計画中です。三店舗までは実現させます。関西はまたちょっと違うと思っているので、出店は考えていません」

――ちょっと違うとは？

「パンの好みと言いますか、味の好みが違うようです。そして、パン学校についてはうちが直接、運営はできないので、これまた地域でやるということです」

――パン学校は東京や札幌にもありますけれど、十勝で作りたいということですか？

「そうです。十勝の小麦でしか作れない、十勝の人が大好きな十勝パンができたら。それを教える学校ですから、十勝でなければ意味がありません。総務省の統計によると、一人がパンにかけるお金は全国平均で一日三十円なんです。十勝はもうちょっと高いといっても、せいぜい三五円。これを五十円に持っていくにはやっぱり定番商品の十勝パンがどうしても必要だと思うんです。夕食にも食べたくなるような十勝パンを開発するのが僕たちの仕事です」

結局、すべての目標は十勝パン（十勝の小麦で作る、十勝の人が大好きなパン）ができるかできないかにかかっているのだとわかる。

——わかりました。それで、現在、十勝パンの開発はどこまで進んだのですか？

「十勝パンにいちばん近いのがチャバタという商品なんです。けれども、ただチャバタですと言っても、それは食パンみたいなものなので、具材やつけ合わせ、スプレッドをくふうして十勝らしい食べ方を提案するのがいいんじゃないか、と。ジンギスカンパンもそのひとつです。十勝の家庭ではバーベキューをやった時に食べます。その時に十勝産小麦のチャバタを合わせればいいんじゃないかと思っているんです。あるいは夜の居酒屋でジンギスカンパンを出してくれるところが増えるとか……」

十勝パンのプロトタイプということで、その場で食べさせてもらったのがリニューアル後の商品で、長い名前の「小麦みそラクレットチャバタ」である。小麦（キタノカオリ）、小麦味噌、ラクレットチーズはすべて十勝産だ。キタノカオリで焼いたチャバタに小麦で作った味噌を塗り、ラクレットチーズを溶かして合わせたもの。味噌とチーズは合う。パンも合わないわけではない。ビールのつまみにいいかもしれない。ただしょっぱいから大量に食べるものではない。

他に十勝パンの候補として新作がいくつか出てきた。

・ネオチャバタ・キタノカオリ

小麦粉の限界までの水の量を加えて手仕込みしたもの。食感を最高にするために、オーブンで焼くまでの分割、成型時間を三分以内にした、もちっととろけるような新食感のチャバタ。小麦農場に近い水源の水を合わせている。

これは確かにもちっとした食感だ。ただ、わたしは国産小麦のもちっとした食感をそれほど好んでいるわけではない。外側の皮はカリッとしていて、なかがもちっとしているものが好きである。

・チャバタ石臼挽きキタノカオリ尾藤《びとう》農産

尾藤農産の尾藤さん自らが石臼製粉した粗挽きのキタノカオリを、ロール製粉（一般的な製粉方法）の三浦農場キタノカオリとブレンドしたチャバタ。粗挽きの小麦が後味に甘さを感じさせるもの。

「甘さがある」と言われればそうかなと思った。粉の甘さはバターをたっぷり塗ったら、ほぼわからなくなる。粉の味は発酵の香りと組み合わさった味だ。何もつけないとわかるけれど、普通に食パンやチャバタ、バゲットといったプレーンなパンを食べる場合、何もつけないということはありえない。パンそのものだけを試食して、味をうんぬんしても、それは実際の食事ではほぼありえない味なのである。

・白スパダブルポテトサンド

満寿屋の定番、白スパサンドとポテトサラダサンドが合体したもの。これはおいしい。十勝の香りがする。しかし、やや既視感がある。

・絵本のシチューパン

十勝出身の作家えぐち りかが描いた絵本の絵をかたどったパンで、道産のミックスベジタブル、芽室町のブロッコリ、八千代牧場のソーセージが入っている。子ども向けの総菜パンで、小さな子にとって毎日でも食べられる十勝パンだろう。

・モッツァレラあんパン

パンにあんことバターをはさんだものはあったが、モッツァレラチーズとあんこの組み合わせは初めてではないか。これ、じつはすごくおいしい。ブルーチーズとはちみつは相性がいい。モッツァレラチーズとあんことというのはそれに匹敵する。どちらも十勝産のものだけれど、これは年配の人はどうだろう。

いくつも候補はあるのだけれど、結局、これというのはやはりチャバタになってしまうのではないか。それも、凝ったチャバタではなく、十勝産小麦の普通のチャバタ。

わたしは満寿屋で出会うまで、チャバタというパンを食べたことがなかった。イタリア北部のポレシーネ地方アドリアで生まれたとされるパンで、多くの水を加えて作るのが特徴だ。名前の由来は「スリッパ」。平らな、のしもちみたいな形のパンである。イタリアではオリーブオイルと塩で食べる。バゲットのように料理と一緒に食べたり、サンドウィッチの台にもなる。

十勝の定番にしようとするならば十勝産の小麦で作った素朴なパンということになる。すると、やはりチャバタしかありえないのではないか。はっきりと小麦の味を感じるし、もちっとしている。外側のサクッとした感じは焼き立ての時だけ。すぐにもちっとなってしまう。外側をシニフィアン シニフィエのバゲットのように硬くしてくれれば、これぞ十勝パンと言えるのに……。だから……。

――やっぱり、チャバタじゃないですか。

わたしは言った。

「やっぱり、そうですか」

雅則が答える。

——そう、やっぱりそうですよ。

もういいじゃないか。今よりももっとおいしくて、カリッとした食感が残る皮のチャバタを作ればいいのだから。満寿屋の四代目がやることはチャバタの開発と普及だ。

——チャバタですよ、やっぱり。日本中のパン屋さんに真似されてもいいじゃないですか。

雅則は「ええ」と言った。真似されるのが嫌なわけではない。それまでいくつも考えた十勝パンのなかで、どれがいちばん似合うかをなかなか決められないのだろう。

実は、十勝パンはもうある。だが、これだと決められないだけだ。それが続いているのが、このところの雅則ではないのか。

十勝パンができる日とは、彼がそれまで開発したパンすべてに「さよなら」を告げる日しかない。

それまでわたしは待つ。満寿屋の客も待つしかない。

雅則が「これだ」というパンを決める日を。そして、彼がそれ以外のパンに「よくやってくれたけれど、悪い、お前は十勝パンじゃないんだ」と告げる日を。

わたしたちはそれをゆっくりと待つしかない。

エピローグ　停電の日もパンを焼いた

二〇一八年九月六日、午前三時七分。北海道胆振《いぶり》地方中東部を震源とするマグニチュード六・七の地震が発生、厚真《あつま》町では震度七を観測した。

満寿屋の店舗がある帯広、音更は震度四だった。だが、立っていられないほど大きく揺れた。

地震の後、道内ではもっとも発電能力が大きい苫東《とまとう》厚真火力発電所が破損し、道内全域が停電、ブラックアウトとなった。

加えて道内十六市町の二二三九戸では停電だけでなく断水も発生した。さらに都市ガスを使っていた家庭では一時、ガスも止まった。全域ではないが、道内ではライフラインがすべて止まるという災害が起こったのである。

帯広でも郊外の自宅に暮らす杉山の家はプロパンガスだったし、水道も断水はなかった。問題は停電だけだ。

杉山は思い出す。

「夜中に揺れて、目が覚めました。仕込みのために出勤していた製造部長から電話があり、停電で機械が動かなくなった、と。私は家でそのまま朝まで待機した後、ボヌール店の二階にある事務所に直行しました」

車で帯広市内へ向かったが、信号は点いていなかった。大きな交差点では警察官が手信号で交通整理をし、車を通している姿を見かけた。この日、満寿屋は他の多くの商店と同じように営業を休止した。イオンやセブン-イレブン、ローソンなどのコンビニチェーンも頑張ったけれど北海道最大手のコンビニチェーン、セイコーマートでは、いち早く準備していた非常用電源装置が役に立った。

セイコーマートは地震が起きた六日、全道約一一〇〇店舗のうち九割以上を営業させることができ、温かいおにぎりや総菜を提供した。オフラインのレジなども使って食料を求める客にも対応したのである。

杉山は家を出て事務所に着いてから、ずっと状況を確認し、翌日からのことを考えて、準備をした。

「これまでにも停電の経験はありました。なんとなく、すぐに復旧するものと考えて、楽観していたんです。ですが、時間が過ぎても、なかなか復旧しませんでした」

店のことが心配で、会長の輝子も駆けつけてきた。深夜からパンの生地作りをしていた社員も帰宅しなかったし、他の社員も出社してきた。しかし、電気がつかなければパンを焼くことはできない。

杉山はスマホで情報収集しながら、当面の営業をどうしようかと考えた。いちばん知りたいニュースは、いつ、停電が終わるかだ。だが、はっきりとしたことはまったくわからなかった。

製造部長と一緒に工場にある材料を調べていった。

「うん、これは全部廃棄するしかない」

冷蔵庫にあった牛乳、バターなどの乳製品、そして、サンドウィッチの中身、ハムなどの具をはさんだパニーニは捨てるしかなかった。

冷蔵庫は電気が切れたとたんに温度が上がってしまうから、冷蔵品はほぼすべてがダメになった。ただし、ガソリンエンジンで発電しながら冷凍もできる冷蔵車が一台あったので、価格の高いラクレットチーズなどはそちらに移すことができた。

満寿屋に牛乳を納めている、あすなろファーミングも以前から危機管理に力を入れていて、発電機を持っていた。そのため、搾乳もできたし、短時日ならば搾乳した牛乳を冷蔵保管することもできた。

満寿屋では、冷凍庫内に入れていた精肉類などは大丈夫だった。冷凍庫は通電していなくとも、そのつくりや、なかに入っているものが零度以下のものばかりなので、庫内の温度はそれほど上がらない。冷凍庫のなかのものはしばらくそのままにしておくことにした。

厄介なのは発酵中のパン生地だった。発酵が進み過ぎると膨れすぎたり、えぐみや嫌なにおいが出たりする。発酵中のパン生地はすべて廃棄するしかなかった。


地震があった六日の夜、音更店だけは突然、電気が通った。そのニュースを耳にした杉山と従業員はそれっという掛け声とともに、冷蔵庫のなかでまだ鮮度を保っている材料、倉庫の小麦粉を持ち出して、音更店へ急いだ。音更店の冷蔵庫に材料を移し、同時にパンを焼く準備をするためだった。その夜は社員総出でパン作りに励み、翌朝には音更店だけでなく、まだ通電していない帯広の店舗でも、作りたてのパンを売ることができた。

「頑張ったのですが、いらっしゃったお客様全員に行き渡る分のパンを作ることはできませんでした。長い行列ができていたのですが、途中で売るパンがなくなってしまって……。でも、トラブルはおきませんでした。みなさん、緊急時なのにとてもきちんとしていて、いい方ばかりでした。日ごろはパンを食べない方まで行列に並んでいたようです。パンは手軽な食べ物です。災害の時でも、何もしなくとも食べられる。あらためてパンという食べ物の利点を認識しました」

翌日の九月七日には北海道の生活は少しずつ元に戻った。午前十時には新千歳空港で国内線が再開され、午後一時にはJR札幌駅が開いた。帯広、札幌なども電気が来た。この日で道内の停電はほぼ解消された。

杉山がつくづく感じたことがある。

「あすなろファーミングさんの対応を見ていて、うちも発電機を用意しなくてはいけないな、と。もしくはハイブリッドの車ですね。ハイブリッド車は発電機みたいなものです。ガソリンさえあれば家庭の電源くらいはまかなえる。ハイブリッド車を持っていた人たちは便利だったと言ってました。また、うちは冷凍生地を使わないので、毎日、粉からパンを焼いています。ですから、災害からの立ち直りは早かった。冷凍生地は時間が経てば傷みますけれど、粉で持っていればそんなことはありません。パン屋は小麦粉を大切にしなくてはいけない。小麦粉のまま持っていて、フレッシュなパンを焼かなくてはいけないとあらためて肝に銘じました」

地震と停電で彼が感じたのはまっとうな職業意識だった。小麦、水、酵母、砂糖、塩と窯さえあればパンは焼ける。避難している人たちがいる場所で窯を築き、あるだけの材料でパンを焼くこともまたボランティアであり、地域への貢献となる。それができるパン屋であり続けよう。杉山はそう思っている。

あとがき

本書を校正していた頃だった。杉山さんが「野地さんが好きなパンを作ってあげます」と言った。

わたしは答えた。

「では本にも出てくるジンギスカンのパンがいいです」

そうして、できたのが「オ・ドゥ・ブレ十勝」というチャバタに、タレに漬け込んで焼いたマトンと玉ねぎをはさんだジンギスカンパンだ。そしてそれを「じんぎすかんぱんNOZY」と名付けてくれた。

オ・ドゥ・ブレ十勝の製法はこれまた本書に出てくる志賀さんが開発したもの。わたしが注文し、杉山さんと志賀さんが作ってくれた。もちろんお店でも売ってもらいます。

つまり……。

ジェーン・バーキンはエルメスにバッグを作ってもらった。一方、わたしは満寿屋にパンを作ってもらった。
ありがとうございます。感謝しています。

文庫版　あとがきに代えて

貼り紙

二〇二一年二月末日、都立大学駅近くにあった満寿屋の東京店が閉店した。原因は新型コロナ禍でパンが売れなくなったことではない。北海道と東京の往来ができなくなり、東京に派遣する従業員の手配がつかなくなったからだ。新型コロナの感染が拡大しても、満寿屋のような町場のパン屋の売り上げはそれほど落ちたわけではない。

繁華街にある飲食店は緊急事態宣言で店舗を閉めたり、営業時間を短縮したけれど、住宅地にあるパン屋は食品スーパー、米穀店と同じようなものだ。緊急事態宣言下でもパンを食べる人は減らなかった。

ただし、帯広を本拠とする満寿屋の場合、北海道と東京の往来ができなくなると、さまざまな弊害が起きたのである。満寿屋は小麦粉からパン種をこねる際に使う水に至るまで、すべての材料を帯広から送っていた。材料の運搬費用が上昇し、人間の往来ができなくなると、東京店を開けておくことは難しい。なぜ、北海道の人間が東京赴任を嫌がったかといえば、緊急事態宣言下の東京は「新型コロナ感染の危険性が高い」と思われたからだった。

以前から東京で働いていた従業員はそんな噂を一笑に付すことができたが、帯広に暮らす家族、親類、友人たちにとっては、「東京は怖い場所」だったのである。

それで、杉山雅則は閉店を決めた。

閉店した日の早朝だった。出勤してきた製造部門のリーダーが店の入り口のドアに貼り紙を見つけた。彼はそれをはがして、あらためて厨房《ちゅうぼう》に貼り、写真を撮って帯広の杉山に送った。

女性が書いたと見られる文面と文字で、内容は次のようなものだった。

「満寿屋商店さんへ

寂しすぎます。

なくなってしまうのがとても悲しいです。

もっともっとたくさん食べていたら

閉店しなかったのかな？　とか
無意味なことを考えてしまいます。
おいしいパン屋さんはたくさんあっても、
ここに代わるおいしいパン屋さんは
ありません。
今日は仕事になり、最後に購入することはできません。
4年間、おいしいパンをありがとう。
絶対またここに戻ってきて下さいね。
絶対だよ（涙）
満寿屋ファン　近所の者より」

わたしがこの話を聞いたのは閉店から九か月経った秋のことだ。教えてくれたのは、閉店後、久しぶりに上京してきた杉山雅則である。

都立大学駅近くの喫茶店で話をしたのだが、彼は電車ではなく、羽田空港で借りたレンタカーでやってきた。その後は打ち合わせで鎌倉へ行くと言った。それもまたレンタカーの利用だ。電車やバス、タクシーを利用して新型コロナに感染するわけにはいかないという判断だった。当時、すでに感染者は激減していたのだが、それでも帯広の人間から見れば、危険性はまだ高いと感じられたのだろうか……。

「それにしても……」

わたしは杉山に問いかけた。

「ここまで近所の人たちに愛された店なのだから、もう一度、東京に店を出さないと、この人に怒られますよ」

杉山はうなずく。

「ええ、そうですね。その通りです。ほんとうにありがたい話です」

わたしは念を押した。

「では、絶対戻ってくる。それもなるべく早く戻ってくる、と」

杉山は返事をしなかったけれど、微笑はした。北海道の店の売り上げも一時は減少したけれど、二〇二一年秋には元の売上高に戻っている。業績が悪いわけではないのだから、満寿屋は二〇二〇年代にはまた首都圏に戻ってきて、都立大学に出店するに違いない。

貼り紙のファンにそれだけは伝えたい。

短くなった商品寿命

『世界に一軒だけのパン屋』を出版した二〇一八年からのパン業界の動向を見ると、三つのブームがあったことがわかる。

「高級食パン」、「マリトッツォ」、そして「フルーツサンド」だ。

高級食パンは三つのブームのなかでも、もっとも早い時期から始まり、今もなお続いている。さきがけは二〇一三年にオープンした「乃《の》が美《み》」だろう。卵を一切使わず、カナダ産の高級小麦を使用。トーストしなくともおいしく食べられる「生の食パン」を謳っている。価格は普通の食パン（一斤　一四〇円程度）の三倍から四倍といったところ。乃が美だけでなく、高級食パンの店舗は全国に増殖している。

杉山は高級食パンについてはこう分析している。

「うちのような町のパン屋、ベーカリーとはマーケットが違います。高級食パンは買ってきて、自宅で食べるというよりも贈答品として使われているケースが多いと聞きます。ラスク、プリン、それからマリトッツォもそうです。パンというよりスイーツの一種と考えるべきではないでしょうか」

杉山の言うことはもっともだ。

高級食パン、マリトッツォ、そしてフルーツサンドは町場のパン屋と直接、競合する商品とは言いがたい。ただし、町場のパン屋でも流行に乗じて、この三つの商品を並べている店は多い。満寿屋でも、高級食パン、マリトッツォ、フルーツサンドを大量ではないが、棚に並べている。そして、売れ行きは悪くない。

二番目のブーム食品、マリトッツォはパンに生クリームをはさんだもの。イタリアのローマが発祥とされているが、わたしはシチリアへ行った時、島の各地で見かけた。イタリア全土にあるのではないか。なんといっても作り方は簡単なのだから。

「朝、マリトッツォと砂糖をたっぷり入れたカプチーノを召し上がれ」

マリトッツォを売るブーランジェリーでこんな具合のチラシを見かけたが、それを毎日やったら確実に太る。マリトッツォはおいしいけれど、中高年の人は逡巡《しゅんじゅん》しながら食べるべきスイーツだと思う。

マリトッツォが話題になり始めたのは二〇二〇年の年末だった。一年後にはすでにピークを過ぎたとネットではささやかれている。商品寿命は短いと言わざるを得ない。

マリトッツォよりも、コンビニに並んだ菓子パン、総菜パン、スイーツ、カップ麺などの商品寿命はさらに短い。少数のロングセラー商品を除けば、毎週、内容が変わる週刊誌のような商品になっている。加えて、売れる勢いが止まったら、すぐに棚から消えてしまう。

そうした潮流がせっせとパンを作る個人商店にも波及している。自分の店の棚にマリトッツォやフルーツサンドを並べながら、内心は忸怩《じくじ》たるものがあるのではないか。新しい商品を開発し、さらにいつまで販売するかを決めることは個人商店にとっては大きな負担なのだから。

特にフルーツサンドのような傷みやすく、材料代がかかる商品は売れ残ると大きな損になる。現在、流行りの商品を作っていても、びくびくしながら世の中の流行を見つめているのが町のパン屋の店主だ。満寿屋の杉山だって、マリトッツォ、高級食パン、フルーツサンドを売りながら、考えていることは、いつ商品を棚から引き上げるかということだと思われる。

さて、ブームの最中《さなか》にあるフルーツサンドは、従来作られていたそれとはやや違う。かつてのフルーツサンドはバターを塗った食パンに水気の少ない果物、たとえばイチゴ、マンゴー、パパイヤなどをはさんでいたものだ。

料亭「吉兆《きっちょう》」の創業者、湯木貞一はバターにコニャックを混ぜたものを食パンに塗り、薄く切ったメロンをはさんで食べていた。わたしは一度だけ、それを再現したものを食べたことがあるが、おやつに食べるフルーツサンドではなく、フレンチハイボール（コニャックの炭酸割り）のつまみにぴったりだと思った。

現在、流行っているフルーツサンドは食パンに生クリームを載せて、そこにイチゴ、オレンジ、メロンといった果物を埋め込むようにして作っている。店頭に並べる時は果物の断面を見せる。そうすると、インスタ映えするから、客にウケる。主役は果物と生クリームで、食パンは添え物だ。サンドウィッチを作る発想からできたものではなく、高級な果物をどう売るかというところから考えられた商品だろう。

フルーツサンド専門店はパン屋ではなく果物店が多いのもそうした理由からだ。食パンのおいしさよりも、果物の仕入れが命の商品だ。

三つのブームがパン屋に与えたインパクトは示唆に富む。町のパン屋がこれまで以上に利益を上げようと思ったら、パンだけでなく、贈答品にもなる高価格のスイーツを扱うしかない。高級食パン、マリトッツォ、フルーツサンドはその道を示してくれたと考えればいい。

夜のパン屋さん

一方、二〇〇八年から満寿屋がやってきた取り組みがある。それがフードロスの削減だ。そして、このアクションは「夜のパン屋さん」というプロジェクトに発展し、全国に広まりつつある。

一般に、パンの販売店は朝早くから営業する。商品の種類が豊富なため、すべてが売り切れることはない。どうしても余ってしまうパンが出てくる。大多数の販売店は余剰分を廃棄せざるを得ない……。

食品ロスの削減が叫ばれる現在、毎日、パンを廃棄することを心苦しく思っている販売店は多い。

満寿屋は十勝管内の店舗で売れ残ったパンを帯広の本店に集め、夜遅くまで販売してきた。全品、二割から三割引きだ。完売するまでは店を開けているから廃棄はゼロ。食品ロスの削減に貢献している。

わたしは帯広の本店で深夜販売の現場を見たが、深夜、酒を飲んだお父さんたちはほろ酔いで満寿屋のあんパンやクリームパンを買っていった。帯広では締めのラーメンではなく、締めのパンを食べるというカルチャーが根付きつつあった。

その試みを発展させ、「夜のパン屋さん」というプロジェクトにしたのが帯広の企画会社の社長だ。社長の頭にあったのは満寿屋の取り組みと、締めのパンを食べるお父さんたちだったのである。

プロジェクトが始まったのはコロナ禍の最中だった。都内、神楽坂《かぐらざか》の書店店頭に夜だけパンを販売する仮設店舗を作った。

複数のパン販売店から廃棄に回す予定だった商品を集め、夜間に販売する。パンをピックアップして売るのは雑誌『ビッグイシュー』の販売員たち。『ビッグイシュー』は生活に困窮した人たちが自立するための雑誌であり、駅前などで販売されている。

「夜のパン屋さん」プロジェクトは余剰パンの販売を通して食品ロスの削減と困窮者の生活再建を支えようとする社会事業である。

この試みを知った杉山は「とてもいいことだと思う」と言った。

「私自身、大手製粉会社をやめた後、渋谷の宮下公園でホームレスの人たちに余ったパンを配る活動をしていました。あれから二〇年が経っていますが、夜のパン屋さんというアクションが始まったことはとても嬉しいです。

当社は都立大学店、自由が丘店は閉めましたけれど、二〇三〇年までに十勝にパンのテーマパークを作ります。フードロス削減も考えますし、自然エネルギーだけでパンを焼きます。環境問題を考えたテーマパークです。敷地は三ヘクタール。北海道ですから土地代は安い。テーマパークの名前は十勝パン王国。年間に百万人の人を集めるのが目標です」

満寿屋は二〇二二年には音更の道の駅に新店舗を出し、二四年には麦音の別棟を新設する予定だ。二五年春には自然エネルギーでパンを焼くベーカリーの建設に着工する。

ブームよりも町のパン屋として環境問題、フードロスの削減などに寄り添っていくのが経営方針だ。

まあ、それが彼の目指す道だろうけれど、でも、杉山さん、それはそれとして、早いうちにジンギスカンパンを抱えて都立大学に戻ってきてください。

ほら、貼り紙にあったように……。

「おいしいパン屋さんはたくさんあっても、ここに代わるおいしいパン屋さんはありません。

4年間、おいしいパンをありがとう。
絶対またここに戻ってきて下さいね。
絶対だよ（涙）」

解説

枝元なほみ

北海道はやっぱり特別だな、って思うんです。空港から出て車に乗って走り出した途端、ああもう全然違う、他のどの場所とも違う空気と、そして広さ、とため息が出るように思います。もちろん他にも広い場所に行ったことはあるのですが、このすこーんと抜けていくような、気持ちの蓋をとってもらえるような感じ！　これが私にとっての北海道です。

自分ごとで恐縮ですが、大体私は、家にいるのがとても好きなんです。キッチンで冷蔵庫を開けたり閉めたりしながら料理をしていれば一週間くらい外に出なくても全然平気。

そんな私ですら、北海道の自然の中にいると、胸のうちに密《ひそ》かに溜《た》まっていたものがしゅわしゅわっと蒸発していく気がするのです。

でっかいどお〈古くてすみません〉な北海道の自然、すごいです。特別です。そんな土地に育まれた北海道人気質にも、どこか悠々としたものがあるのじゃないか、と感じています。

先日、久しぶりに飛行機に乗って出張に行きました。四国でした。もうすぐ着陸という頃、空の上から海を眺めていて、ああ、ここに住む人たちの心の中には〈海〉があるんだろうなあ、と思いました。同じように、北海道の人たちの心の中には〈悠々と広い自然〉があるのだなと思うことが度々ありました。


あるとき、十勝の自然の中を友人の運転する車で走っていました。道内の志ある生産者さんをたくさん紹介してくれた友人、北村貴さんは帯広生まれ。〈食いしん坊〉が共通する友人。もちろんおいしいものもたくさん食べさせてもらいました。

その車の中で貴さんが、「帯広には満寿屋さんという、みんながソウルフードだと思っているパン屋さんがあるの。子供の頃から満寿屋さんのパンが大好きだった。〈この後、満寿屋さんの各パンについての解説が、お腹《なか》がぐぅと鳴るほど長く続き〉……農家さんたちと丁寧な関係を築いていらして、地元食材に誇りをもって使っている、そのことも素晴らしいの！　その満寿屋さんが、市内の六店舗のパンの残りを集めて夜に売っているのよ、すごくいい取り組みでしょう？」と教えてくれたのでした。

夜に開くパン屋さん！〈満寿屋さん〉のお名前とともに、すとんと私の胸の中に落ちて記憶格納庫に収納されました。

少し話が飛びます。私は、ホームレス状態にある方、生活に困窮している方たちの自立支援をする団体、ビッグイシューで活動しています。ビッグイシューは支援として単にお金を渡すのではなく、ビッグイシューという雑誌を販売する仕事を渡す、という仕組みです。一冊四五〇円の雑誌を販売すると、その半分強の二三〇円が販売する人の手取りになります。販売者さんたちは個人商店で、ビッグイシュー本体は、雑誌を作って卸す仲卸みたいなものだと、出会った時に聞きました。仕事を作ることで支援する仕組み、いいなあと思ったのです。何かをして差し上げるのではなく、仕事を通じたフラットな関係であるということ。

あるとき、そのビッグイシューへ「配って終わってしまうのではなく、何らかの仕事作りなど、循環する形で使って欲しい」というご希望とともに寄付をいただきました。

さて困った、一体何ができるだろう？　そう考えて思い出したのが、満寿屋さんの〈夜に開くパン屋さん〉の取り組みでした。東京の各地の路上にいるビッグイシューの販売者さんたちに、近くのパン屋さんで残ったパンをピックアップしてもらって販売する。それならできるかもしれない、そう思いました。名付けて〈夜のパン屋さん〉。神楽坂《かぐらざか》にある、かもめブックスという本屋さんの軒先をお借りして、試行錯誤の末に始まったのが二〇二〇年十月のことでした。これを思いつくことができたのも、満寿屋さんのおかげでした。

都立大学駅近くにある満寿屋さんの東京本店からも残ったパンを卸していただけないかと相談するために、雅則社長とのＺｏｏｍミーティングを、前述の北村貴さんがセットしてくれました。

雅則社長、この本にある通りの微笑《ほほえ》みの方でした。穏やかだけどしっかりもの。満寿屋さんの夜に開いているパン屋さんのことをいろいろ教えていただきました。「あるとき、パンの配送のトラックが大雪で横転しちゃったんですよ。積んであったパンたち、形はひしゃげちゃったけれど、味に遜色はない。地元の小麦をはじめとする生産者さんや、パンを作った職人たちの顔が浮かびました。絶対に捨てられない。急遽《きゅうきょ》、本店で夜にパンを売ることにしました。好評だったのでその後帯広の屋台村の前で。スナックで働く女性たちが明日の朝ごはんにするとか、一杯やって少しご機嫌になった方が二軒目のお店へお土産にするとか、帰る時の奥様へのお土産にとか。特に奥様へのお土産は、値段も手頃なパンを買っていったことでご主人の株も上がる。皆さん、とても喜んで買ってくださったんですよ」

お客さんたちの楽しそうな、嬉《うれ》しそうな様子が目に浮かぶようで、私まで嬉しくなりました。大好きなエピソードになりました。

夜のほの暗い通りに、いくつか灯《とも》った電球の明かりの下でパンを売る東京の〈夜のパン屋さん〉を始めてみて気が付いたことがあります。パンが間にあると、売っているこちらとお客さんとの関係が、何だか〈ふっくら〉しているのです。柔らかな空気感、これってパンのもつ魔力なんじゃないかなあ、と思ったのです。食品ロスを減らして、仕事作りに貢献するって、いい取り組みですね、と言っていただくこともあるのですが、それより何より、〈おいしそうね!〉からはじまります。食べ物のもつ底力だなあ、と料理人の私、何だかちょっと誇らしい気持ちになります。

雅則社長との〈夜のパン屋さん〉ミーティングでは語られなかった、雅則社長ご自身の経歴をこの本で知りました。ニューヨークでのパン修業やコンビニチェーンで働いていた時の悩み、そして有機農作物を販売する八百屋さん、いろいろな職業を経験される中で、

「父親譲りの理想家精神が仕事の邪魔をしたとも言える」

と著者の野地さんに言われるようなことをなさった。

「高級ブーランジェリーに野菜を売り込むだけでなく、売れ残りのパンを回収することを始めた。そして、売れ残って廃棄に回る予定だったパンを渋谷の宮下公園へ持っていき、ホームレスの人たちに配ることをしたのである」

私、読みながら、わあっと声を上げました。ちょっと泣きました。何だかありがたかったからです。

もちろん、雅則社長は経営のこともしっかり考えていらっしゃる。でも、それは売上を伸ばす、もっと利益を上げ続ける、ということだけではないのかもしれません。満寿屋の歴史全体を見てみると、地元北海道の小麦の生産から始まって、その小麦の特徴を生かしたパンを作る。地元に根付いているからこそ、作り手たちとしっかりしたつながりがあるからこそ、せっかくできたパンを廃棄するなんてありえ

ない。雅則さんのお母様、輝子さんが語る夫・健治さんの廃棄問題への姿勢にもつながる思いに感動しました。勝手な表現を許していただけるなら、地に足のついた、地元愛に根ざした理想家精神だと思います。

輝子会長はこう言っています。

「地元の小麦を地元のパン屋が普通に使って、地元の人に食べてもらえるようにしたい。それが一番普通なんだ。あの人はそればかり言っていました。……まわりからは『そんなこと、できるわけない』と言われ続けましたから。

それでも本人は寝言でも言うんですよ。十勝のパンを国産小麦にしたい、と」

「どうでしょうね。うちの主人の夢って。店を増やしたり、会社を大きくすることではないと思います。他の大手の会社がやるようなことじゃないんです。中身をもっと深くして、従業員さんも幸せだなと思える会社にしたい。でも、それは私の夢か……。どうですかね、主人はもっと大きなことを考えるんでしょうね。そして、突き進んでいくんでしょうね」

私、料理の仕事を続けるうち、素材のもつ力の大切さを強く思い知るようになりました。

そうなると、誰が作ってくれているのか、どうやって作られたものかが気にかかってきます。

また、超国家企業とも呼ばれるグローバル企業が増える中、利益を根こそぎ奪い、人の暮らしを犠牲にして格差を拡大するような行為がまかり通っていることに、大きくなる一方の疑問を持つようになりました。

人が一番大切にしたいもの、すべきものって、誰かの犠牲の上に成り立つような利益拡大じゃないはず。風土を愛して、人とともに〈よく〉生きてゆくこと、地域に根ざすこと。自分から、自分のまわりから、ローカルから、地に足のついたところから、つながってゆくことなんだろうと思うようになりました。

杉山健一さんから始まって、健治さん、輝子さん、雅則さんへと続いてきた満寿屋さん。地域の人々から愛され、地域にしっかりと根を張ったところから広がってゆく。

帯広の、おおらかで大きな自然を胸に持った家族の、一番いい意味でのファミリービジネス。

満寿屋さんのパンを膨らませているのは、人を思う温かな気持ちなのかもしれない、なんて思ったりするのです。

「小麦粉だけを水に溶いて、鉄板で焼いたとしてもおいしくない。発酵して、内部に空気が入っているからおいしい。パンがパンたるゆえんは内部に空洞があることで、味があるのは小麦粉と空気が一緒に口のなかに入ってくるからだ。わたしたちがパンの味と思っているなかには空気も入っている」

「粉物の味は空気で決まるのだ」

帯広の満寿屋のパンに含まれているのは十勝の空気だ。カラッと清々《すがすが》しい十勝の空気が入っている。

著者、野地秩嘉さんの言葉に影響されて、十勝の空気が入ったパンがとてもとても食べたくなりました。満寿屋さんに行くために帯広に行きたいです。

フォーエバー満寿屋さん！

（えだもと・なほみ／料理研究家）

本文にある数字、社名、肩書きは単行本刊行当時のものです

世界に一軒だけのパン屋　写真説明

P11　広大な土地に小麦畑も備えた麦音店

P41　青空にそびえる津島農場の「キタホナミ」

P47　昭和二十五年、創業間もなくの満寿屋本店

P81　麦音店のシンボルである風車は製粉にも使われている

P105 創業当時から人気商品のアンパン

P119 満寿屋用の砂糖と酵母を作っている日本甜菜製糖株式会社

P135 満寿屋が使用している「春よ来い」と「キタノアカリ」

P167 アンティークの自転車に乗って宣伝する二代目健治

P207 東京店で人気だったクロワッサン

P229 夫の意思を継いだ輝子会長

P253 収穫直前の小麦畑に立つ雅則社長

撮影

五十嵐美弥／P119、P207

田中麻衣／P11、P41、P81、P105、P135、P229、P253

本書のプロフィール

本書は、小学館より二〇一八年に刊行された同名単行本を加筆修正し解説を加えて文庫化した作品です。

小学館文庫

世界《せかい》に一軒《いっけん》だけのパン屋《や》

著者 野地秩嘉《のじつねよし》

二〇二二年二月九日 初版第一刷発行

発行人 石川和男
発行所 株式会社 小学館
〒一〇一-八〇〇一
東京都千代田区一ツ橋二-三-一
電話 編集〇三-三二三〇-五七二〇
販売〇三-五二八一-三五五五
印刷所――――凸版印刷株式会社

この文庫の詳しい内容はインターネットで24時間ご覧になれます。
小学館公式ホームページ https://www.shogakukan.co.jp

ISBN978-4-09-407115-3